# 逆流而上的我

[日]加藤谛三 著　　吴宇鹏 译

中国友谊出版公司

## 图书在版编目（CIP）数据

逆流而上的我/（日）加藤谛三著；吴宇鹏译. —北京：中国友谊出版公司，2021.10
ISBN 978-7-5057-5312-9

Ⅰ.①逆… Ⅱ.①加… ②吴… Ⅲ.①成功心理－通俗读物 Ⅳ.① B848.4-49

中国版本图书馆 CIP 数据核字（2021）第 174904 号

著作权合同登记号　图字：01-2021-4470

DONNA KOTO KARA MO TACHINAORERU HITO
Copyright © 2019 by Taizo Kato. All rights reserved.
First original Japanese edition published by PHP Institute, Inc., Japan.
Simplified Chinese translation rights arranged with PHP Institute, Inc.
Through Bardon-Chinese Media Agency

| | |
|---|---|
| 书名 | 逆流而上的我 |
| 作者 | ［日］加藤谛三 |
| 译者 | 吴宇鹏 |
| 出版 | 中国友谊出版公司 |
| 发行 | 中国友谊出版公司 |
| 经销 | 新华书店 |
| 印刷 | 北京画中画印刷有限公司 |
| 规格 | 880×1230 毫米　32 开<br>6.5 印张　85 千字 |
| 版次 | 2021 年 10 月第 1 版 |
| 印次 | 2021 年 10 月第 1 次印刷 |
| 书号 | ISBN 978-7-5057-5312-9 |
| 定价 | 45.00 元 |
| 地址 | 北京市朝阳区西坝河南里 17 号楼 |
| 邮编 | 100028 |
| 电话 | （010）64678009 |

## 序　章
## 什么是"有心理韧性"的人

如果一个人在成长过程中展露出极佳的心理适应力，并且表现得比自小受外界所期待的更为突出，那么就是一种名为"心理韧性（resilience）"的能力在起作用。不妨先来看看这个例子：某位女性拥有着惊人的心理韧性。她的父亲暴戾成性又嗜酒如命，处于无业状态的他经常因为虐待孩子而被扭送入狱；患有慢性抑郁症且腿部残疾的母亲连自己都照顾不好，更不用说去保护孩子。纵然如此，命运多舛的她依旧保持着富有教养的举止与沉着冷静的性情，以至于连周围的人都深受其乐观精神的感染。

这些拥有心理韧性的人，是如何坚定不移地守护着信念，笃信自己值得被爱的？生于"人间地狱"，为何依旧能过上充实而有意义的生活？该如何解读自己的过往经验？如何自处以获得坚忍不拔的意志？如何努力逃离这片不堪的是非之地，从而找寻到更好的一方乐土？拥有心理韧性的人如何看待自己的人生？……针对这些疑问，本书将做出深入的讨论。

"心理韧性"的著名研究者希金斯[①]曾说："地狱般的磨炼或夺去人的性命，或使其迅速成长和强大。"这句话值得我们每一个人深思，是想让自己变得更强、活出更精彩的人生呢，还是要落得用"被杀死"来结束悲惨的人生？

---

① 爱德华·托里·希金斯，哥伦比亚大学动机科学中心负责人。他拥有广泛的研究兴趣，研究方向包括动机和认知、判断和决策，以及社会认知。

希金斯曾见过一位名叫丹的男孩，他因受其父亲虐待而深感痛苦。希金斯发问："你为自己感到骄傲吗？"男孩不假思索地回答："是的。"被父亲打得死去活来的他曾以为快要丧命，遂使出浑身解数才逃离困境，这种体验怎能不让他为自己感到骄傲？是什么将丹从骇人听闻的虐待中拯救出来，伤痕累累的内心又靠什么去治愈？

丹从4岁开始就在逃离原生家庭的影响，中途遭受过不计其数的艰难险阻，最终才抵御住洪水猛兽般的冲击而脱胎换骨，并开始拥有强大无比的力量。那种残暴和凶险好比地动山摇，能咬牙挺过来实属能力不凡。残酷的现实宛若洪水，是要赴死抑或经受千锤百炼皆在瞬间，容不得过多思考，从中捡回一条命的丹很难不为此心生自豪。

千万别误以为是某种东西的出现才让个体变得更强，这属于根本性的错误。**当被周边环境逼迫到走投无路的**

局面时，人们便不得不靠自己去努力解决问题，所有态度产生的根源都在于此；而通过一次次的战斗和拼搏，坚强的内心也逐渐受到强化，自信心由此开始孕育。心路历程和解决问题的过程都会在本书中逐个拆解并进行分析，诸位同样有望掌握这种思考方式。

在抑郁症患者的眼中，无论什么事情都是毫无办法的。不妨转换到心理韧性的角度试试看，开阔自己的眼界和意识极为重要。

"自我鼓励"显然在其中发挥了不可或缺的作用，用希金斯的描述来讲就是"自力推进（self-propelled）"。有心理韧性的人仿佛自带"精神的发电机"，总有办法给自己充上"电"，自然也就拥有了源源不断的力量。

有一句话恰好能够形容这种情形："他们抓住了今天（They seize the day）"，实在相当高明。要紧紧地抓住这一天啊，别再纠结于过去了！

世界上还有一部分人也曾丢失了获得幸福的能力，

而对于这样的人来说，通过学习和掌握心理韧性来再次获得能力是非常重要的；培养心理韧性的诸多事项，都值得放在最优先的位置。人生每日都面临困境，生活时刻都充满着困难，该怎样做才能从中解脱？世上并不存在独我一份的轻松解决方案。那些总是栽跟头的人之所以时运不济，大多就是总想去找捷径所导致的恶果。

希金斯对这些具有心理韧性的人们身上所出现的强大力量深感震惊；他们最典型的特征就在于自强不息。希金斯认为，他们自强不息的品质与其悲惨的生活经历密不可分。他在论文中使用了"紧咬"和"回弹（bounce up）"等词去形容这个群体。切实地掌握心理韧性，做"咬定青山不放松"的人，前所未有的领悟必将涌上心头。究竟该如何开启自己的人生？让我们以本书中将要登场的各位人物为榜样好好学习吧。

不具备心理韧性的人，究竟是在生活中的哪个环节出了问题？有心理韧性的人能够逃离不堪的是非之地，寻找到一方乐土绝非偶然。正是因为有能力去突破地动山摇般的残暴与凶险，苦难的洗礼才让丹变得无比强大。

当下的自己永远都有无限的进步空间。**有心理韧性的人认为，只要能将所有事情都当作走向幸福的必经之路，那无论什么行动都会变得充满意义；借此我们也就可以在逆境中苦而不改其志，持之以恒地日夜修行。**

如果正在阅读本书的你正处于郁郁寡欢、精神萎靡的状态，或许会觉得"写这玩意儿的人说不定脑子有点问题，或许他根本没经历过什么大风大浪，就开始自以为是，像个傻子一样大书特书'心理韧性'……"

但先别急着批评，笔者正想请诸位读者以"受骗"的心态继续往下看。"心理韧性"这个词虽然在日本尚未真正普及开来，但在美国，早已有许多书籍和论文对此展开详尽的研究。

拥有心理韧性的人究竟是如何着手解决每个问题的？更关键的是，该怎样做才不会被逆境所吞噬？我们先从前摄行为这一概念开始说起吧。

# 目 录
CONTENTS

## 第1章
## 心理韧性是逆流而上者的必备特征

迷失自我就会处处碰壁 / 003

会解决问题才能一帆风顺 / 005

前摄行为让人绝处逢生 / 007

如何主动解决眼前的问题 / 009

提前规划是自我成长的最佳方式 / 012

知己知彼是拥有控制力的先决条件 / 015

自我否定者都具有"反应性人格" / 017

主动让人生充满建设性 / 020

具有心理韧性的四个特征 / 022

不受他人评价影响，以长处取胜 / 024

痛苦源于对过往的执着 / 026

不生闷气,在逆境中找到正向资源 / 028

立即行动,抓住今天 / 032

学会从过往人生吸取养分 / 035

不坦率源于过去的心理阴影 / 037

成为听话的"乖孩子"很危险 / 039

如何对抗"习得性无助" / 042

接纳不幸 / 046

不强求"总是会有好事发生" / 048

摒弃自我攻击 / 050

解压利器:今日备忘录 / 051

拒绝"伪成长"才能收获真正的爱 / 054

# 第 2 章
## 塑造心理韧性的 20 个途径

接纳现实，从悲伤中获得真实的力量 / 061

识别虚妄的依赖与贪婪 / 066

自欺欺人者都有未被承认的愤怒 / 069

敢于决断，远离"幻想的自我" / 073

压抑自我是逃避现实的重要方式 / 078

放下过去，会让内心丰盈且坦然 / 080

承认自身弱点，才能拥有良好的人际关系 / 082

永远抱有希望，彼处风景更好 / 085

从问题中能学到什么 / 088

善用非语言信息提升洞察力 / 089

坦承失败，迎接人生的高光时刻 / 091

努力理解过往才能不被其囚禁 / 094

自我美化是对现实的逃避 / 097

"回弹式减压"令人积极奋起 / 100

对自己坦诚是努力生活的唯一证据 / 103

自恋者的逻辑：错误与我无关 / 105

自我复盘催生逆流而上的勇气 / 108

远离厌恶之人是种智慧 / 110

不必在意世人的眼光 / 113

培养与现实谈判的能力 / 115

# 第 3 章

## 逆流而上，挣脱原生家庭的桎梏

重视情感交流才能真正摆脱孤独 / 119

拒绝唯一且绝对的价值观 / 120

挣脱"僵化家庭"，从多角度看问题 / 122

如何识别"心灵破坏者" / 124

拒绝钻不必要的牛角尖 / 128

永不放弃寻找爱 / 131

着眼积极事物，做逆境中的强者 / 135

保持斗志，不压抑内心的感受 / 137

不要试图改变对方 / 141

避免陷入他人的心理冲突 / 143

无视流言，绝不随波逐流 / 145

不要把对原生家庭的不满带入日常生活 / 148

正视源自父母的"道德困境" / 150

坚守心理独立性 / 151

接近利他主义的陪伴关系 / 153

相信"心"的力量 / 155

把爱作为目的而不是手段 / 157

有条件的爱会带来焦虑 / 160

不堪回首的过去造就个体的独特魅力 / 164

不要被错误的指责绑架 / 165

学会独立思考 / 170

只有自己才能给自己下定义 / 172

摆脱畸形的情感控制 / 174

拥抱命运中的不幸 / 178

逆流而上，过好自己的人生 / 180

**后记 / 185**

# 第 1 章
## 心理韧性是逆流而上者的必备特征

## 迷失自我就会处处碰壁

诸事不顺的人大多在人生的初始阶段便饱尝艰辛，与父母的共处屡经挫折。以这错误的契机为起点，他们虽在不知不觉中努力地成长，但甩不掉的烦恼也随着时间的流逝不断膨大。当意识到自己正处在荒谬的生活状态时，面对着诸多烦恼也束手无策、无从下手，无法解决问题的结局则是牢骚连天。于是，当再次遇到难题时，"无论如何也没有办法了"的情绪会演变为阴暗的"憎恨他人""慨叹命运的不公"等态度。

埃里希·弗洛姆①认为，"别的姑且不论，心理疾病的根源在于个体与父母之间的病态关系"。话虽如此，在不幸的共处状态下，也不全是如同肉体虐待般的残酷行

---

① 埃里希·弗洛姆是著名的人本主义心理学家，被尊为"精神分析社会学"的奠基者之一。

径，孩子有可能因父母的某种关怀而受益一生。相比之下，在平常家庭秉持威权主义的父母眼中，孩子就是属于父母的一部分，深陷这种状态的人往往极难脱身——孩子不得不在父母的期待中努力成长为"理想"形态，迷失自我，在变得越来越不像自己的道路上越走越远，而这时的自己也便不复为自己。在权威主义影响下的孩子，可能直到死都意识不到身上的这种束缚。

当我们能够明确这点时，就该开始思考心理韧性的问题了。

## 会解决问题才能一帆风顺

行事顺利的人和诸事不顺的人之间又有什么不同呢？二者的差异，关键在于面对困难时所采取的方法。想想就能知道，乍一看总是被幸运之神眷顾的人实际上绝不可能永远事事顺心，但他们之所以能够保持着无所不能的姿态，是和将劣势转为优势的个人态度与行动风格紧密相关的。换言之，无论面临何等极端的状况，他们都能发挥主观能动性，积极迎战。在举手投降和顾影自怜之前，努力尝试着从每个小细节着手，逐个击破，毕竟幸运并不会主动降临。

世间万事必然有好有坏，而谁又不曾艰辛过呢？某个人看起来总能碰上好事，但他也肯定隐藏着不堪的过往。而在应对问题时是否拥有"蓬勃的活力"便会起作用了。

在亲子关系中经历过挫折的人，往往缺乏解决不同问题的"活力"。人之所以能生活得怡然自得，绝非时时刻刻颓唐地嘟囔着"为什么还没有好事发生"，而是将每一天都过得像发生好事那样罢了。

## 前摄行为让人绝处逢生

心理自我调节专家希金斯认为，拥有优秀的自我调节能力的人天然具有心理韧性，而其特征是有前摄行为（proactive）。简单说来，前摄行为就是个体主动产生动作之意，表现了人对于事件发生所做出的一切反应。"在牛津词典中，"希金斯说道，"proactive 的意思是'controlling a situation by making things happen rather than waiting for things to happen and then reacting to them'。"即"在事情发生之前便把握具体状况，避免事后匆忙应对而狼狈不堪"。

针对"心理韧性"一词的定义同样众说纷纭，但大致定义是在困难的环境中依旧能保持正常且敏锐的判断和应对，换言之，它代表了"面对人生挫折时的应对能力"。笔者认为这种描述与超级儿童（super kids）的状况不谋而合：在近乎暴行甚至致人忧郁的亲子关系之中，他们依旧成长为具有健全人格的社会成员，着实不凡。从常识上看，他们理应心怀愤恨，但即便如此却依然能健康成长，显然是因为他们没有在阴暗过往中故步自封，而独自培养出了"爱"的能力。

从残酷的过去里得到喘息、继续向前的所谓"心理韧性"，正是前摄行为的特征；相反，反应性行为（reactive）则要糟糕得多，其典型表现即为"日夜哀叹、自怨自艾"，毫无解决问题的意愿与主动性。前摄行为紧紧把握着主动权；笔者也将其定义为"拥有解决问题的意愿"的行为。反应性正处于前摄行为的反面，未曾有分毫直面困难的勇气。他们要么假装着解决问题、要么在那里耍帅地说些似有似无的话，满嘴牢骚是常态。所以，对他们来说，在这种情况下解决问题尚属次要，烦恼本身才是最为扰人的，况且烦恼若不以解决问题为目标的话，又能指望最后会有什么好结果呢？

## 如何主动解决眼前的问题

我们再试着深入探索拥有着心理韧性，即生性不屈不挠的人所具备的特征。其一，便是有着面对困难时勇于解决的勇气和意志。自我心理学领域对此有如下假说：心理韧性强劲的人，能够感性地且预判性（proactively）地克服任何困难。那另外的问题同样浮出水面：他们究竟是如何应对眼前的问题的？答案最终还是聚焦到了前摄行为上。

反应性人格的人的生活围绕着抱怨和不满展开，不曾迈出解决问题的一步，嗟叹着"生活真难啊"，或又因"都怪他做了那样的事"而推卸责任。无论明天将会怎样，都随它去吧，他们眼中无暇预想未来的种种，不过困在过往的鸡毛蒜皮里。

希金斯的著作中曾提到一位名为希波的女性，她常以逃脱逆境为目标，并为了追求更好的人生而不断努力。有心理韧性的人正是如此，更重视内心的感受，即便是目视对方，也能洞察其内心，不会因世俗的富裕程度或社会地位、名声高低等因素而影响判断；反应性人格的人则完全相反，重形式而轻于内心，光靠对方的权势便能扰乱其心态。处于烦恼状态中的人只会机械地对源自周围的刺激产生反应，无疑属于欲求上的退缩，这是反应性的核心。

唯有完全依凭自己的主观意志去应对各类事情，方可称作前摄行为。对于心理韧性的定义往往晦涩难解，但拥有它的人在解决危机时却能展现出非比寻常的惊人能力。根据前摄行为的或强或弱，一定程度上能防止沉溺于固有环境的定式，并快速地融入且适应。同时，这种人不仅对自己在该行为上所担负的责任有着清楚的认识，从获取经验的意义上更能驱使其展开积极行动。

正因为在经验上拥有着价值，以此为前提，思维上也愈感自己当属负起责任的一方。即便现实中发生了不如意的事，人也会转换观念："这样的经验对于自己的人生是十分宝贵的。"从而免于陷入绝望，并乐观地向前展望，不愉快的经历正是自己通往幸福之路不可或缺的。

适应现实而不忘维持内心的必要平衡，杜绝内在的迷失而又积极融入环境，也是社会性的一种体现，既不过激反抗，也不颓唐萎靡，保持着灵活性；既是与社会环境的充分接触，又是远离现有环境的重要基石。用笔者的话来形容，就是这种人的心中有着不断翻涌的奇妙化学反应。

希金斯用"同化（assimilate）"一词来陈述这种特质：拒绝顽固地坚守自身的态度，转而消化并吸收得到的经验。在纷繁洪流中遗世独立，不断适应环境；谨慎地保持着自我特性，却不与环境产生反抗与对立，反将之消化吸收——这绝不是敌对性的自立自强，而是诞生在人与人的联系之中。这要归功于对环境和自身关系的组织与系统化，它使得人在互帮互助中仍能保有自己的小天地。

## 提前规划是自我成长的最佳方式

一位拥有着心理韧性的人不幸被骗,然而他并未因此动怒或变得歇斯底里,正所谓"塞翁失马,焉知非福"。那么假设被骗了 1000 万日元又如何?即便这 1000 万幸免于难,我同样也可以拿着它成为日夜酗酒的酒鬼,酒精上瘾以致损坏肝脏。这样想就不由得会对自己眼前拥有的健康体魄心生感谢之情,并不断努力奋斗下去。

未知的事物总会给人以畏惧感,逃避自己不熟悉的境况是人之常情,但心理韧性强大的人却反其道而行之。在他们看来,世人避之不及的未知与变革非但不令人厌恶,反而恰恰是自己得以成长的极佳时机,而缺乏这种超前思维的人必然难以抵达新的境界。

"纳豆热潮"时期，曾有某档电视节目对此现象展开了批判。受此影响，大量曾经繁荣一时的纳豆厂商纷纷倒闭，但有心理韧性的人则会乐观地认为倒闭未尝不是好事。当经历和体会过这种起伏后，对于变革的来临也就不复患得患失。或许，像"纳豆热潮"这种大风潮总是来得快且去得快，只有运气好的人才能分一杯羹，自己说到底不适合吃这碗饭罢了。是否拥有分辨出"究竟什么才是千载难逢的机会"的判断力，取决于有无面对变化多端的时代所必需的未雨绸缪的意识。在准备万全时降临到面前的机遇，才是最称得上"千载难逢"的那个；赤手空拳、临时上场即便侥幸获得成功，也不过是"幸存者偏差"的又一例而已。崩溃倒闭的公司大多就是没弄明白这点，盲目扩大生产规模从而迈上不归之路的。

　　"投机"注重的是眼前利益，诈骗犯也最爱在骗人时搬出"现在是大好时机"的说辞。但"投资"只有在万事俱备后才能步入正轨。"投机"和"投资"就只有一线之隔——能否预先考虑到未来会发生什么，决定了结果的天差地别。由此，有心理韧性的人会紧紧地抓住超前思维的核心，提前规划和预备各种对策，以理性长远的眼光看待现状。

## 知己知彼是拥有控制力的先决条件

情况时时变化？那就放宽心态，全盘接受。人生无疑是许多大小问题的集合体，健康的心理状态也是解决问题的有利条件。此前的研究者们都未重视"前摄行为"，但在心理健康领域中，这是逃不开的焦点话题。而不屈服于任何环境的独特心态，也被认为是心理健康的重要体现。希金斯在总结前人各方观点的基础上得出结论：直面痛苦与压力而非临阵逃脱，却是在对抗的过程里依旧保有闲适感（comfort）。在这句艰涩的描述中，我们依稀能读出"慰藉"的意蕴；而能够做到这点的人是非常强大的。

关键是，究竟是什么造就了这般强大的心态？多年来，前赴后继的专家学者们多有谈及心理健康问题，但最终仍将之归为"前摄行为"带来的裨益。青春期至完全成人的阶段里满载着各种压力,而带领着迷茫者走出压力困境的则是心理韧性,控制力亦必占其构成要素一席。

拥有控制力,也就意味着对自己的一切所作所为都有着清楚的认识,从里到外都能精准地把握。正确地认识自己、了解自己,是拥有控制力的先决条件。对自己一无所知的人,即便想要拥有它,也只会枉费心机而不得要领。试想,那些对自己的公司有着充分了解的老板们,自然不惧控制与运筹整家企业;熟知自身特质的能人甚至能够和身处的环境展开"谈判",而不至于被环境耍得团团转,最终克服困难自然也是水到渠成的事情。即便在逆境中,拥有心理韧性的人也是无往不胜的。

## 自我否定者都具有"反应性人格"

总是触霉头的人有着共同的特征，那便是反应性人格特有的乖张。反应性人格不仅对当下的刺激存在反应，乃至以往的经历也对其产生了深远影响，"日夜哀叹、自怨自艾"，被以前的事影响，随波逐流，即其典型表现。与积极迎战、逆流而上的前摄行为相比，他们固执而消极地面对各种问题而从不着手解决，也未曾试图让自己的人生过得比现在哪怕是好一丁点儿。

应对和解决的精髓在于"不逃避"。面对困难时的解决方法虽时而游刃有余、时而处处受挫，但它们都为怯弱的自己带来了更多的自信。这是绝对不可轻易打破的金科玉律，一旦品尝过逃避后的暂时安宁，便连自己的内心都会默认"我就是个什么都干不成的人"。这种想法在日后的生活中不断得到强化，结果也是显而易见的，自信心的缺失会导致对他人的依赖日益频繁，同时逐渐远离独立自主的生存状态；而日复一日的请求终究不如所愿时，就会转为对他人的冷漠甚至怨恨。

可以说，"转嫁责任"的恶劣行径确实是反应性人格的人的特点。每逢遇到意料之外的状况，他们转身开始甩锅："正是因为你做了这些事，才会变成这样的！"随后便能心安理得地责怪别人，"本该如此"云云。相反，前摄行为在本质上注定干不出那样的事，责任转嫁的想法提都不要提，先把眼前的问题解决好再说。这种人坚定地认为一切都是由自己决定的，就算发生了什么都不会觍着脸去转嫁责任。

反应性人格的人是单纯且情绪化的。只要别人夸一句"你真棒"，便会心生好感；同理，也难以容忍他人的批评，他们会对批评之人恨之入骨，宛如有着不共戴天之仇，或是走向消沉、颓废的极端。场面上的客套话让戴着高帽的他们喜不自胜，一旦不被人关注便万分焦灼……生活的全部都是围绕着别人的举止言行做反应，在三言两语之中遍体鳞伤而不留分毫"自我"。熟稔前摄行为的人秉性淡泊，无论赞誉或贬损，全都靠自己来决定要与哪些人交好。因此，这种人的性格往往也心平气和、波澜不惊，而反应性人格的人在逆境中则弱不禁风。若依赖外界帮助的桥梁不复存在，心态马上就会崩溃。虚弱的内在根本不足以支撑外在，而心灵充盈的人总能以事事向好的心态放眼眺望。

## 主动让人生充满建设性

自我否定对外展现为反应性人格，其本质实则是对责任的推卸。青年时期尤为重要的主题之一即"面对不同对象时所反映出的兴趣与关注"，在反应性人格的人身上尚未得到完全开发。因为别人想要，所以我也想要；别人有的，我也要有——这就是反应性的表象，充斥着消费主义社会的迷雾。

有心理韧性的人在克服困难时，具备令人惊异的创造力。希金斯曾在论文中介绍过一位名为加梅齐的研究者，其研究中曾讲述过一个8岁小女孩的故事。小女孩的父亲早逝，母亲也深受抑郁症的折磨，因此没办法给小女孩做带到学校的便当。幼小又可怜的她在无奈之下，只能在冰箱的库存里搜寻食物。但毕竟条件有限，仅凭她自己根本无法复制母亲做出的三明治，像同学带到学校的那种三明治也只能停留在想象中。最终,不服气的她还是决定由自己来做一份三明治,而且还给这最终的作品起名叫作"面包三明治",实物就是在中间夹着一片面包的三明治。正如夹着火腿的三明治被称作"火腿三明治","面包三明治"的名号还是很有道理的。况且小女孩并不孤独,因为她常常能够与其他的孩子们一起进餐。

像上次这样,小女孩以别样的方式解决了生活中遇到的困难,其核心要点也无外乎不为逆境所吞噬。加梅齐认为,小女孩很好地控制住了内心中的孤独情绪,"面包三明治"正是解决办法得以有效执行的体现。

## 具有心理韧性的四个特征

自我心理学中,将"自我"定义为"平衡内部世界与外在环境现实的关键角色"。有心理韧性的人往往具备4条特征:

1. 前摄行为的运用。
2. 从经历中提炼出有用的经验。
3. 与他人共情的才能。
4. 坚定的信念。

而关于前摄行为的解释,又有观点认为,心理韧性比较强的人甚至拥有预判性地与众多情绪化的危险经验进行交涉的能力。直面困难时,与其被动适应不如主动吸收,即"调整"比"同化"更重要,这正与哈佛大学教授埃伦·兰格[1]的"正念"(mindfulness)理论相呼应，换言之，就是要勇于开创新局面，不要被过往的框架束缚住，也正是这样的自我才能够对抗不利环境，从而最终克服困难。心理韧性的概念在解决问题的过程中会因灵活性的高低而被赋予不同的特征；或者换个角度看，这也是心理韧性不受外部压迫和限制的标志。乔治·温伯格[2]有言道：灵活性最大的敌人就是来自外界的压迫。

---

[1] 埃伦·兰格，哈佛大学心理学教授，在1981年成为哈佛大学有史以来第一位女性心理学终身教授。

[2] 乔治·温伯格，美国心理学家。他在20世纪60年代首次创造出"恐同症"这个词，并在1969年首次见诸报端。

## ▎不受他人评价影响，以长处取胜

如前文所述，反应性人格的人向来缺乏从逆境中恢复的能力，情绪不时会轻易被人言所左右。遭受批评便难免动怒，而怒气之外又是无尽的沮丧和不得志的郁郁寡欢，失去了生存的动力；无论是神经质性格的人还是自恋情结浓厚的人，甚至包括那些总是自认为低人一等的信心缺乏者等，内心活动都比要常人激烈许多，起伏不定且大喜大悲。阿尔弗雷德·阿德勒[①]针对这类性格的人，提出了"异常敏感性"的观点；而亚伯拉罕·马斯洛[②]在论述相同的内容时，将其概括为"将人生的重心

---

[①] 阿尔弗雷德·阿德勒（Alfred Adler，1870年2月7日—1937年5月28日）是奥地利精神病学家、人本主义心理学先驱、个体心理学的创始人，曾追随弗洛伊德探讨神经症问题，但也是精神分析学派内部第一个反对弗洛伊德的心理学体系的心理学家。

[②] 亚伯拉罕·马斯洛，美国著名社会心理学家。他的主要成就包括提出了人本主义心理学，以及马斯洛需求层次理论。

全盘转移到他人身上"的行为。另外，卡伦·霍妮[①]的观点更显激进，她认为神经质严重者会视"他人的认可"比自己的生命更为重要。

许多人在青年时期常常苦于受到他人言行举止的影响，但随着年岁增长，心境会逐渐安定下来。有言"四处八方来风，安如天边明月"，当在心理的成长中取得一定成绩后，也就更能明了自己的生存意义为何。世上分为"以己长处取胜"和"凭己弱点苟活"两类人，后者即所谓的反应性人格，非但放弃尽力击退困难，反求逆境降临到自己身上，任由他人摆布；前者在身处逆境时则会积极地考虑"如今我应该做些什么"，是正向的前摄行为思维。对他们来说，眼前的逆境绝非一无是处，必然有值得学习和吸收的经验。

---

[①] 卡伦·霍妮，医学博士，德裔美国心理学家和精神病学家，精神分析学说中新弗洛伊德主义的主要代表人物。霍妮是社会心理学最早的倡导者之一，她相信用社会心理学说明人格的发展比弗洛伊德性的概念更适当。

## 痛苦源于对过往的执着

笔者曾翻译过一本名为《现在的烦恼绝非无用之物》的书。单从书名来看,就是典型的心理韧性较强的表述。在撰写《美籍印度裔人启示录》时,笔者也对当时美籍印度裔人的处境进行了描述,并深刻感受到他们在逆境中所流露出的顽强的精神品格。可能有违常识的是,善于直面逆境的人同样懂得适时放弃。不要锱铢必较,毕竟过去发生过的许多事情是无法再改变的,如此一来就不会对过往有更多的执念,对于已经发生了的、业已失去的种种也便毫无念想。

打个很好懂的比方,我们都有过得不到原以为能得到的东西的体验,最终也顶多嗟叹一句"这终究不属于我"便放弃。这套逻辑放在待人接物上同样适用:当对方不如自己期盼中的那般发生改变时,到最后我们还是会释然并接纳。正如猫有猫的生存法则、虾有虾的处世智慧，人人亦自有活法，要是头脑发热想着强行改变对方，不过是在浪费自己宝贵的时间。而我们最终损失的，或许不仅仅是像一份工资那样简单的东西。

不如就将对方看作猫和虾吧——能做到这份儿上，就是非常前摄性的表现了。相反，怒斥"岂有此理"又浪费了人生精力就是反应性过剩的表现，说到底再怎么努力，人都是很难改变的，而且事情也不会因此变得更好。要是说得太多反倒令人生厌，想不开的人只会越想越气，事态到最后便一发不可收拾。如果把心态放平，充分理解"原来那个人是这样的啊"，并尽早转变对他人的态度，是更为明智的前摄行为。实打实地发挥自我主观能动性并打开局面是上上之策，而叫嚷着"无法原谅！岂有此理！"又何益于事态改善？事态只会恶化罢了。

## ▌不生闷气，在逆境中找到正向资源

现在，你和一个不诚实的人纠缠了起来。世界上有许多不诚实的人，想永远都不和他们扯上关系基本是天方夜谭。事情比你想象的要更麻烦些：你被这个奇技淫巧的人所利用，相比之下自己却老实本分地待人接物，真是越想越气人。你想大声疾呼："过分的利用也该适可而止了！"你也清楚就算对方再怎么阿谀奉承、毕恭毕敬，本质上还是为了把自己剩余的利用价值给榨干。愤怒是显而易见的，但勃然大怒以致日夜茶饭不思、搞垮身体，也不会对现实有任何实际影响。一个不诚实的人不可能因受"诚实"的影响而改头换面。

摆在面前的只有两个选项。

要么就是怒从心头起，程度之深以致心脏病发，情绪压抑以致憋出癌症；即便情况不至这么糟糕，也已经把身体弄得处处都是毛病，愤怒从情绪转变成间接的外在表现，被周围的人排斥、孤立，最终落得一个孤立无援的下场，剩余的人生也基本没有什么价值。

要么你选择接受面前的一切。既然对方生性如此，自己又何必再耗费力气？如果任何尝试都不会带来实质变化的话，倒不如安于现状，"接受眼前的局面"也是一种无上的觉悟。受不了这种解决方案的人固然有之，但他们宝贵的人生时间里必然充斥着各种不愉快，从不诚实者身上得到的伤害也只增不减。若是能够明白这点，那从现在起就应该坚决远离对方，即便之前已经饱受对方的摧残；不接受这种方法的话，伤害便会愈演愈烈。

所谓前摄行为，实际上也可概括为在各种情况和环境的限制当中，依然能充分发挥主观能动性的表现。除了面对恶劣事态时展现出来的愤怒，更多的是在此情况下合理地自我调适。这件事教会了我什么？我能从中学习到哪些知识？能够这么想的人，才是合格的前摄行为者——在明白对方是个不诚实的人的那一刻起，就该开始反省自己待人接物时是不是出了问题。"要是我当时没有那样做的话,事情就不会变得像如今这般严重了。"摊上一个不诚实的对手时,冷静地应对有助于将自身的损害降到最低。无论再怎么说,"他就是这样的人啊。"怒气连天正面回击无益于改善情况,只会进一步恶化局面,这也教会了我们冷静应对所具有的必要性。受人欺瞒后怒而击之,完全被失控愤怒情绪所支配,事态愈发严重……这是一个可怕的循环过程。

然而对于大多数人而言,即便再怎么被告诫"必须要学会冷静应对",都无济于事,唯有自己亲身感受由其带来的恶劣影响,方能理解"冷静应对"的真意。那些从中仍不能有所得的人,依旧会任怒气自由发泄而加剧局面的恶化,这就是所谓反应性人格的人会做的事。因此,笔者三番五次反复强调的还是这点:难以在逆境中生存下来的状态,都可称作反应性状态。只要观察一下身边的人,应该就能更好地理解上述观点。那些精力充沛、能量十足的人都是标准的前摄行为者,他们不会终日抱怨，也干不出生闷气这种傻事。反反复复地絮叨同一件不如意的事并不是他们的风格；但反应性人格的人只要被不诚实的人摆过一道，怒气便连日不止，其实也等同于变相地将这个"不诚实"的对象囚禁在了自己的心里，犹如毒品上瘾，内在世界全被虚假和狡诈的念想所占据而又无暇顾及其他。总而言之，无作为和叹息是他们为人处世的主旋律。2015年，PHP研究所曾出版过由笔者撰写的《永远都在烦恼的人》一书，很显然，这个"永远都在烦恼的人"想必就属于反应性人格。

综上，反应性人格的人苦于解决问题，所以唯有烦恼可为其带来片刻的精神救赎。卡伦·霍妮的观点认为，对一个正在烦恼的人而言，能带来慰藉感的恰恰就是烦恼这件事本身，他能够在全过程中获得心理上的至高欢愉。你还能对无力招架任何问题的人有更多奢求吗？

## 立即行动，抓住今天

反应性人格的人相当看重以至于渴切来自他人的反馈。他们盼望着爱和笑容，反而自己却少有笑脸待人，一味只图索求却不懂付出，要求又多且尖酸刻薄，既要这样又要那样。明知如此，却还是没打算单靠自己的力量来解决困难，撒泼地嚷嚷"有谁能来帮帮我？"在澳大利亚著名精神科医生贝兰·沃尔夫的眼里，这其实应看作一种神经衰弱（neurosis）表现。无论是上学还是上班，总能从任何事情中挑出刺儿来，还直抒胸臆"我想要这个！"要这要那，诉求着实过多。

话说回来，彼得·潘综合征所表现出的怠惰与神经衰弱也颇相似。行动力聊胜于无，执行力严重缺乏，唯纸上谈兵做到了登峰造极。批判别人的时候一套套地有模有样，自己却是行动上的侏儒。

总体上，乐观积极的人由于心有所依，所以即便身处逆境，也仍有奋起直追的勇气，敢于扼住命运的咽喉；而卑躬屈膝地活在他人的视线之下，那些心无一物的个体往往惧怕受人嫌恶或招致不喜，又何谈自力更生？困难摆在面前时只能临阵逃脱，而下一个困难往往就在不远处。困难得不到解决且反反复复无穷尽，呈现在世人眼前的便是诸事不顺的命运画像。

从反面来讲，外表看上去无论做什么都顺风顺水的人，就算真的遇到了什么问题，也不会像反应性人格的人那样浪费时间去哀叹连连，丧失解决问题的意愿。无他，只因不论在经历什么时，他们都抱着"这不挺好的"这种心态。视体验有益为前提，感性地认可并接纳过往，并在摸爬滚打中获得教训去助力下一次的行动，这绝非对过往的否定，毕竟正是当时的宝贵经验造就了现在的自己。

光是这样还不够，自我激励也很重要。希金斯曾提过"自力推进"这个词语，它展现了自我激励的真谛。

有心理韧性的人犹如随时手持自助发电机，时时刻刻都在为自己的饱满精神充电。有一句话可以用来形容他们，笔者认为颇妥当，那就是"他们抓住了今天"（They seize the day）。所以，要切实地把握当下而不被过往束缚。不然，就会被永久地囚禁在暗无天日的昨天。反应性人格的人确实遗失了今天；但更为细思恐极的是，他们甚至没意识到自己已经浪费了这宝贵人生中的重要一天！

## 学会从过往人生吸取养分

前摄行为者坚定地认为"知识就是力量",这属于内心拥有情感支撑的人应有的态度。反应性人格的人在批判他人的速度上无人可比,明明具备的知识完全足以掌控自己的人生,却自欺欺人地声称"那种好事根本轮不到我"。当批判成为习以为常的惯例时,他们根本就无法注意到自己究竟因此丧失了多少东西;有心理韧性的人则会抓住一切能够学习的机会,无论于公于私,都会利用好每次机遇。

人无法轻易地忘记过去,过去也并不是想忘就能忘的。比起努力遗忘,倒不如先去理解过往本身,搞清楚自己的旧时经历究竟给如今带来了何种影响,这正是所谓的"消化和吸收过去"的行为。先前反复提及的那种看起来总是事事顺心的人,不过是将自己的过往经历打散、重组，以另一种更好的形式运用到如今的生活当中而已。这其中包含着幸运，同样也隐匿着命途多舛，但都被不加拣选地化为了自身成长的养分。不要否认过去的存在，心理韧性也正是在惨痛的过去中深化体验并接纳"自己确实由此成长而来"而逐渐强大的。

## 不坦率源于过去的心理阴影

反应性人格的人的脆弱心理又是如何形成的呢？他们既有稚气未脱的撒娇心理，又有情绪上的不成熟，心理上还亟待成长。具体展开来谈的话，其在心理上有许多尚未得到解决的问题，并且还残存对外界的些许敌意。若再往下深挖，我们便能看到一个恐怖的事实：这种藏匿着的敌意居然对眼前发生的事情产生了反应。拥有反应性人格的人在早期便将大量心理层面未解决的问题压在身上，而后遮掩不住的蛛丝马迹便会在日常生活中暴露出来。面对同样的问题，他们第一时间想到的并不是"我应该这么做"，却是回想过往而暗自神伤，不禁喟然自叹。喜欢喊口号的人往往也是抵抗逆境能力最差的，他们少有长期规划，也不知道下一步应该怎么做。而且真要到了喊口号的时候，恐怕早就在逆境状态中待得太久了。

心理韧性强的人则不然，他们会将已有的经验放在长期框架内进行思考，并在此基础上努力地过好每一天。他们抓住了今天，无非如此；能把握好今天的人也必然心无负累。心事重重的人在面对眼前的问题时，注意力也会被引导至过往未得到解决的心理问题上。是的，没有错，他们并没有全神贯注地去应对当前局面，反而联想到了以前的相关体验。这里又要提到人性坦率与否的区别：坦率的人因为没有太多心理负担，所以更讲究就事论事且追求对事物的真切体验，是为坦率；而不坦率的人即便到了现在，尚未走出过往阴影的心态与表现依然会投射到与人的交际表现当中。所以，当一个人无法率直地接受他人意见时，除了性格问题以外，也极有可能是因为诱发了其对于过往体验的不良回忆所致。换言之，并非言语使得他们做出不当反应，而是自己身上藏匿已久的、尚未做好心理建设的过往经验一被人提及，就觉得狼狈不堪罢了。

## 成为听话的"乖孩子"很危险

"抓住今天"是心理韧性者的座右铭,他们坦率、真诚又不曾藏事于心。当我们以获得他人的赞赏为目标开展行动时,行动本身只会引发对自我能力不足和价值意义缺失的感叹——在众多态度中它算得上最为屈辱的一种,许多胆小怕事的性格也正由此孕育。当一个人完全无条件地遵从来自外界的任何要求时,也等同于放直接放弃了获得幸福的机会。"接受眼前的所有,并成为顺从乖巧的'好孩子',才是获得幸福和成功的必要条件。"这种观念是十分危险的!罗洛·梅[①]如是说。这种人一问三不知:支撑着自己的究竟是什么自不必说,连自己一

---

[①] 罗洛·梅(Rollo May,1909 年 4 月 21 日—1994 年 10 月 22 日)是美国存在主义心理学家。他在 1969 年期间撰写了具有影响力的书——《爱与意志》。

直以来坚守的信条是什么，或即便上升到对个体意义的拷问时，同样不甚理解。看来，反应性人格的人的确将"获得幸福的能力"抛弃得一干二净。

如果某一天有人能意识到自己原来属于反应性人格的话，那从现在开始改变生活方式还为时不晚。若真的将"获得幸福的能力"弃之脑后，那即便外部环境何等快活如人间天国，于己也只会得到地狱般的感受。

服从威权主义的父母所带来的后遗症正恐怖如斯，受害者们甚至失去了品味喜悦的感官，心中无所凭依，谈何获得幸福？当活在无尽的要求与服从的互动之中时，心理韧性的养成已然无望。接受各种"精英"课程后陷入抑郁并酿成自杀等悲剧的人，又何尝不是如此？

从威权主义父母的支配中醒悟过来的人，都有必要对培养自我心理韧性的重要性加以明确。世人常常因肉体的痛苦（如癌症等）而呼天抢地，却对于受威权主义父母支配的状态或是患心理疾病时应有的危机意识不加重视。接受"精英"式培养却终日闷闷不乐的人，其"心理癌症"的病症往往已相当严重；而受惠于经济与社会福利的人却难以抑制焦躁不安的情绪，恐怕已经是"癌症晚期"了。然而，蒙在鼓中且对威权主义父母的培育模式之恐怖、无条件服从之惊悚一无所知的人，仍然不在少数。

## 如何对抗"习得性无助"

应对各种情况的能力被剥夺的心理状态又称习得性无助①。例如许多人自小时候开始,便在与父母的关系中感受到了无助,同时习得性无助往往也体现了抑郁症患者的常见发展倾向。而另一个层面中,既然有体验着无助感的人,也必然会有追求着不屈姿态的人,而这就是后话了。在相同的成长过程中,甚至会有部分个体进入顺从状态,也可称其为"习得性顺从"。"顺从"这一行为在本质上表现为"无法依靠自己"的观念,而以"顺从"的畸形沟通方式逐渐成长,极易催生

---

① 习得性无助(learned helplessness,或称习得性失助、习得无助、习得无助感、无助学习)是描述学习态度或心理疾患的心理学术语,主要用于实验心理学。"习得性无助"可解释为经历某事后学习得来的无助感,意味着一种被动的动物消极行为(也包括了人类行为),其中被动的因子占多数,尤其指对失败而非成功的反应。

出抑郁症或精神分裂症①等疾病。人到底是在怎样的沟通环境中不断成长的？个体的沟通能力起到了决定性作用。

无论做什么事情，在真正着手实施之前都声称"肯定是不行的"，不过是为了给自己毫无干劲的行为态度寻找的合理化借口而已。尽管可能失败，但依旧勇于放手一搏，才是心理韧性强劲的表现；勤于思考并想出克服困难的方法，也正是应对能力的精髓。

每个人在成长的过程中都会接触和学习到各种各样的情感，而自由成长绝非放任自流，它在经历和体会不同情感后方现真身，是禁锢状态中的一种思维解放。事实上，抑郁症患者身上常见的"肯定是不行的"这种观点之所以能得到视野的扩大并转化到心理韧性强劲的阶

---

① 精神分裂症（schizophrenia）是精神疾病的一种。其特征为患者出现语言混乱、行为异常，以及不能理解什么是真实的。常见的症状包括错误信念（false beliefs），不易理解或思维混乱，听到其他人听不见的声音，妄想、幻觉、幻听、社会参与和情绪表达的程度减少，以及缺乏动机。

段，恰恰是因为以往曾经沉浸于悲观主义之中。

一名女性曾被其母亲嘲笑为"你是整个年级最丑的女孩"而深受伤害，但母亲却早已忘记自己说过类似的话。我们不妨试着将思维立场从这位女性转移到母亲这边——这对于无法进行自然沟通的人而言是相当困难的。母亲在说这句话时究竟有几分认真？有没有可能只是在说笑？或是为了解决自己的内心矛盾而故意道出？无法开展沟通的人显然并不会思考到这个份儿上。

将着眼点从受伤的自己转移到说了这句话的人的立场上重新思考："为什么这个人会说出那样的话？"这才是理解对方用意的关键所在。抑郁症权威专家亚伦·贝克[1]也有类似表述，他首先会习惯性地考虑一个问题："为

---

[1] 亚伦·特姆金·贝克（Aaron Temkin Beck，1921年7月18日—）是美国精神病医生，同时也是宾夕法尼亚大学精神病学的名誉教授。他是认知疗法之父，其开创性理论被广泛应用于临床治疗抑郁症。贝克还开发了抑郁症及焦虑症的自我评估量表，如贝克抑郁量表（BDI）、贝克绝望量表、贝克自杀意念量表（BSS）、贝克焦虑量表（BAI），以及贝克儿童与青少年量表等。

什么这个人会说自己有抑郁症？"我们必须明白，和正处于烦恼状态的人对话时，对谈内容尚属次要，真正关键的是对方展开对话的意愿和动机。如果不将这点纳入考虑的话，最终答案必然是片面的。

## 接纳不幸

在多个角度和立场中转不过弯来的，应该就属于反应性人格了。前摄行为者在逆境中仍能保有敏锐的观点转换能力，亦可称为典范转移（paradigm shift）[①]。别人如何看待自己并不重要，关键在于自己究竟想要做些什么，拥有心理韧性的人也必然伴随着丰富的个人观点和视角。

某篇论文中曾提到过这样一个人。他在和自己的家人保持着固定距离的同时，依旧维持着对自身悲惨过往的特有理解，并决定为了不重蹈其双亲愚昧之覆辙而警

---

[①] 典范转移又称范式转移或思角转向，这个名词最早出现于美国科学史及科学哲学家托马斯·库恩的代表作之一——《科学革命的结构》(1962年)。这个名词用来描述在科学范畴里，一种在基本理论上从根本假设的改变。这种改变后来亦应用于表述各种其他学科方面的巨大转变。

醒、自律，可说是相当擅长解决矛盾了。由此可见，能够实现自我价值的人往往也精于与矛盾共处，论文作者希金斯同样在不断强调这种人所具备的惊人力量：他们的最大特征在于心灵的顽强，在地狱生活中成长的经历为之加成颇多。然而，经历过地狱生活而愈发强韧者有之，屈服示弱者亦不在少数，二者之间的界限究竟在哪里？这取决于自己是否能接纳不幸的存在。唯有坦然面对不幸的人才会视地狱生活为一种试炼，最终蜕变为人上之人，并发出"如今自己能够活着真是太好了"的感触，进而拥有顺风顺水的日后人生。

## ▎不强求"总是会有好事发生"

过分深陷于眼前发生的不如意之事，只会让原本能抓住幸福的机会从指间流走。而根据个人应对方式的不同，一时的坏事也可能因时间的补救而得以转化为好事。切记，任何事情在进展到下一步之前，都有着无穷变化的可能性！虽不知前方究竟有着怎样的幸福在等待着我们，但有无与此相关的积极意识，决定了人们对当下所采取的不同态度。"那时虽然十分艰难，但能有现在的状态倒也挺好的。"如果对现状绝望以至于失去动力，未来的可能性也将一并消失。

正如笔者在序章所言，人生每日都面临困境，世上并不存在独我一份的轻松解决方案。处处碰壁的人，其一大特征正是过分地追求这种"方案"。明知不存在能够随意操控人生的魔杖，却不满自己为何没能得到它，这种人充其量只能算是长不大的孩子。还没能了解远方等待着自己的究竟是何种幸福,却总偏爱自暴自弃地将眼前的局面认定为"一恨定终生",叹息自己不公的命运。实际上,"总是会有好事发生"的这种想法本身就多有偏差,更何况我们无法轻易地判断究竟什么状态才算得上艰辛,而展开此种讨论自然也毫无意义。

## ▍摒弃自我攻击

生存方式的差异与"将攻击性指向何方"有着密切关联。若是有心理韧性的人，在面对其父母时恐怕并不具备攻击性，否则就是抛弃父母、在内心层面与父母断绝关系的荒唐行径了。想必，他们也不至于愚蠢到将刀尖朝向自己的父母吧。由此，其攻击性并非对内而是一致对外，并勇猛地与降临到面前的困难殊死搏斗。希金斯的论文中使用了"紧咬不放""腾空跃起"等词语，去描述他们应对困难时所展现出来的状态。心理韧性强者会将认知健全的攻击性全数用作对外抵抗，而抑郁症患者即便是在睡梦中，也会迷失正常的攻击认知，最后将枪口对准自己，遂诱致自杀。

## 解压利器：今日备忘录

拥有心理韧性的人同时也是珍惜每一天的人。若现在的你感到毫无干劲，不妨将自己认为"现在能够完成"的事情归总，列一张清单。制定"今日备忘录"的重要性不可忽视。以养成习惯为目标，即便每周只能完成一件事，坚持下去也会细水长流、日见成效。清单事项的主题无须宏大，日常小事便可，因为正是靠这些关键的日常碎片才能孕育出活力蓬勃的每一天。正如钥匙、牙签之类，虽然体积不大，却是生活中不可或缺的必要工具，其自身所带来的便利也能与卡车这样的大型机械相提并论，甚至在某些场合中发挥着卡车都无法企及的独一无二的作用。

同样，我们决不能以马虎了事的心态去对待这些小事。沉浸在无限烦恼当中的人，往往就是在这种情况下采取了得过且过的心态，而大事又暂时无力胜任，其内心伤害只会加倍，不难看出后患无穷。要是选择了这种心态的话，到临死的那一刻恐怕也是无法获得任何幸福的。

当压力堆积如山而让你陷入一时迷惘，先打住，把那些现在能处理好的事情优先解决了吧。烦恼之人难免使不上力，已然处于无论做什么事都倍感折磨的状态，及时喊停对谁都好。然后像下面描述的那样，认真思考今天应该如何安排才不会虚度光阴，这也是需要耗费心思的重要环节。当我们能够因为这些举措而对某种事物产生兴趣的话，持续到明天、后天自然不在话下，在此过程中或许你也就收获了快乐与自信。

若是有时间的话，不如在晴朗的一天带上水瓶、穿上运动鞋，如远足般漫步。看到可供躺睡小憩的地方，就在那里睡成一个"大"字，无比闲适。大地给予人的踏实感极其美妙。就算是在没时间抽空远足的日子里，只要天气还算不错，那就来到户外，对着天空伸个懒腰，放松身心。

相信无须何等优越的条件，只要能够按照上面的描述来做，就能感受到幸福感，而实际生活中确实也有许多人从中得到了欢愉。所以，如果周末起得比较早的话，不妨在家附近散个步吧。面朝朝阳任其光辉洒落于身上，闭眼凝神片刻并久久伫立，内心已然涌动幸福。

## 拒绝"伪成长"才能收获真正的爱

希金斯著作中的少年丹,受极为严厉的家庭环境氛围所影响,从未在家庭中感受过丝毫亲情与爱意,但依旧磕磕碰碰地仓促成长为大人。父亲是个狂躁的酒鬼,丹从幼年时期开始便遭受其持续的暴力。尤其当父亲灌了大量威士忌后,更别指望那个晚上会有片刻安宁了。可丹却说,这种暴力行为对于其父亲而言实属某种解放,甚至带有一丝快感。恐怕对于这位父亲来说,除了拿自己的孩子出气以外没有其他更好的生活模式,所以虽然看起来是把孩子往死里揍,但在意愿层面不过是为了解压而已。丹就是在这种虐待中艰难地成长起来的。

丹的母亲也绝非善类,她对孩子有着极大的厌恶感,并不是针对丹一个人,而是对所有的孩子都不抱好感,甚至心怀憎恶,因此也从来不会在照顾丹这件事上出力。

急于把拖油瓶甩开的她不假思索地将丹委托给一位名为阿梅利亚的女性——幸甚，负责接手的阿梅利亚向丹倾注了所有的爱，给丹提供了安心成长的避风港。对孩子来说，一个值得信任的对象至关重要，那些引发了或大或小的社会问题的青少年们若是能早些遇上这样的对象，绝不至于落到今日这般田地。

换言之，与其说这些青少年们的生母不像阿梅利亚那样尽职尽责，不如说没能遇见一个替代者来担任母亲的角色，这才是酿成悲剧的真正原因。埃里希·弗洛姆认为，自小缺乏母爱的男性"一旦未能获得女性的关注，极易进入轻微的不安与忧郁状态"。

受女性蛊惑，某位生性严谨又认真的警察遭遇了一场银行诈骗。这位警察虽然已年过40，但是他的人生经历中从未得到过像样的母爱，即便是代替母亲去爱他的人也一个都没有。因此不出意外，他被对方的花言巧语所蒙骗也在情理之中。先不说是否拥有"母亲"这个角色，哪怕只体验过"母爱般的感情"，内在构筑起了心灵的支柱，也不至于做出这么愚蠢的举动。更何况，明明身为从业多年的在职警察，居然还会被女性蒙骗以致成为银行诈骗案的受害者，这等荒谬事可实在不多见。

从其他角度来看，他生性上的严谨、认真只是表象，其实也可以视为奋力逃脱"轻微的不安与忧郁状态"所做出的努力，而本性不该如此。正如少有得到爱意却依然茁壮成长的丹那样，只体验过阿梅利亚那种"替代式情感"的人也绝不会愚蠢、蒙昧。像丹这样内心有所凭依且明确自己的人生目标，为了美好的愿景而严谨、认真地待人接物的人，对外同样能保持警醒和自律。

然而，单纯依靠性格的严谨、认真并不足以支撑"好孩子"的内心，而在马斯洛眼中"伪成长"便是心中不存在凭依的重要分类。在自我的基本欲求尚未得到满足时，却试图说服自己接受眼前的状况，好似这种欲求早已得到满足或根本就不存在，所谓的"伪成长"通常就诞生在这种背景下。一个人无论从外表上看起来有多么气宇轩昂，如果他还属于"伪成长"中的一员，那么其心理韧性之脆弱亦可想而知。心理韧性的强弱决定了自我恢复能力的高低，也是能否从逆境中重整旗鼓的关键；同时，它还展现出不屈的精神与爱的能量，前文提及的丹便是这种心理韧性的典型代表。

　　对"母亲的存在"颇为渴求却不得满足的"好孩子"来说，他们的心理状态其实与嗷嗷待哺的幼儿并无二致。那压抑已久的不满情绪在某处，以某种形式集中爆发只是时间问题罢了。少年丹因心怀感激而怀有恨意，所以聚集在身边的品性优良者只会越来越多，最后也必然邂逅有爱之人。

# 第 2 章
## 塑造心理韧性的 20 个途径

## ▌接纳现实，从悲伤中获得真实的力量

这是一名47岁中年女性的故事。

5年前的某一天，正当她的丈夫出差之时，家里的孩子生病了。她急忙给出差的丈夫打电话，却怎么也联系不上他。丈夫归家后，在她的一再询问之下才坦白：自己其实并没有去出差，而是到情人家里过夜了。对方是33岁的女性，和自己在同一家公司工作。

既然妻子已经知道丈夫偷情的行径，那就没有必要再遮掩下去了。破罐子破摔的丈夫希望能尽快离婚，并开始连日夜不归宿。面对这种情形，她是怎样做的呢？考虑到丈夫往后说不定什么时候会回家，她便马上在家里设置了一片区域，专供夜半归家的他使用。

虽然角度比较片面，但从速战速决的行动中不难看出，她的确在认真地面对现实，而换句话说就是她拥有

着心理韧性。遇事主动出击是这类人的特征之一，不会坐在那里干等着幸福的来临，亦即之前所提到前摄行为。有事而不怕事，当下即刻处置，绝不会任由事态自行发展以致失控。从反面来看，缺乏心理韧性的人呈现出被动反应的特征。笔者虽对反应性人格的人的有关描述知之甚少，但私以为其典型表现便是"日夜哀叹"，事情明明白白地摆在眼前却不做任何对应。这位女性充分发挥了主观能动性并积极面对现实，以心理韧性的基准做判断的话，应该就是心理韧性强劲者无疑了。

但不容忽视的是，"应对"的核心在于"不逃避"，因为应对的意愿固然重要，但事情总是不遂人愿的，能否成功应对那就是后话了——关键在于从此过程中获得自信。若是拒绝面对并逃避现实，即便最后的结果尚算差强人意，仍旧会强化自身的刻板印象，认定了自己就是无法解决困难的人。如此一来，自信心最终也会消失殆尽，进而极端追求表面的虚张声势与夸大的自我形象。这也正是卡伦·霍妮所强调的"神经质的自尊心"之表现。拥有心理韧性的人对自身的处境有着清晰认识，明白自己究竟有几斤几两，也清楚自己在社会中的位置，这使得他们精通如何有的放矢并将做事的效率最大化。

言归正传，还是刚才那位47岁的中年女性，她坚信"丈夫一定会回来"。但事与愿违，丈夫与33岁情人的爱意日渐浓厚，想象中的归家团聚更是遥遥无期。不出意料，她患上了轻微的抑郁症。刚才不还说她的言行举止体现着心理韧性吗？很遗憾，从后续结果上看她并不拥有这种品质，毕竟抑郁症说明了一切。那究竟是哪里出了问题？

前摄行为在对事态度上得以体现。无论这位女性看起来多么有前摄行为，但还是把重点搞错了，因为她虽认真地"面对"现实却没能"接受"现实，或者又称为不善于审时度势。心理韧性虽以"积极应对"为特征之一，但它的前提条件却是认清与接受现实。这位女性对丈夫心怀憎恨却郁结而不得发，时刻都在无意识地压抑自己的恨意，不憋出病来才怪。当机立断地认定"丈夫一定会回来"的款款深情，于她而言又意味着什么？单这么看的话，这种心理韧性可谓完美无瑕，无论发生了什么事情都能将信念坚持到最后，是确信事态"会发展成这样"的乐观主义，乃至"一定、毋庸置疑地会发展成这样"也不为过。

包括亚伦·贝克等专家在内的许多观点都认为，抑郁症的特征就是"消极预测"；而"我肯定做不到"的抑郁症消极式预测态度，与"我一定能行"的心理韧性乐观主义之间存在着决定性差别，且二者的判断都毫无合理根据。

这位女性"坚信"丈夫必然归家，但拒绝接受"自己已经失去了丈夫"这一现实。这种对现实矢口否认的态度，恰恰站在了心理韧性的对面。不忍直视的现实让内心痛苦顿生，而她为了逃避却选择了自顾自地"坚信"丈夫一定会回来——这种"坚信"实际称不上"坚信"，更像是"想要去相信"而已。拒绝接受现实，对丈夫的看法至今仍未改观；依旧沉溺于过往对丈夫的印象当中，无法和过去告别……这一切只会让她越陷越深，其心扉亦未曾向不断变化的外界打开。哈佛大学心理学教授埃伦·兰格的"正念"理论，指的正是这种现象。

这位女性本可以从失去丈夫的悲伤中再次重振，但她却拒绝体验这份悲哀。用通俗的话来说，就是"感受失去对象的悲伤体验"这一重要环节并没有得到落实。"丈夫一定会回来"的想法本质上是"想让丈夫回来"的愿望的一种外化，这不过是通过现实中的丈夫形象达成内心愿景的手段。眼中所见的绝非实情，而是虚构的具象化形态，她借由此逃避到了自我的幻想世界中。

拥有心理韧性的人不会放任事态自流，他们常在肯定现实的基础上逐渐恢复元气。没有对现实的接纳自然亦不会有心理韧性的诞生，对现实的否认即对心理韧性的远离，无法坦率地接纳不幸；而前者不仅在苦难当中甘之如饴，身处逆境时也必然展现出强大的适应力。

## 识别虚妄的依赖与贪婪

拥有心理韧性的人，向来会将心中的信念努力不懈地坚持到最后。然而，其前提条件是与现实充分接轨，而上一节里的中年女性显然并没有做到这点。另外，炮制出集体自杀事件的"天堂之门"①亦属此类。这个诞生于美国的宗教团体倡导集体自杀的信条，且大力主张不只是信徒需要自杀，地球上的"所有人"都应一同"殉道"。这难道不是活生生的现实脱离主义吗？信徒们都生活在自己的幻想当中。

笔者认为，那些三千烦恼丝剪不断理还乱的人，大多都有"不与现实接轨"的问题，比如擅自独断地认定

---

① 天堂之门（Heaven's Gate）是美国一个邪教组织，由马歇尔·阿普尔怀特和邦尼·尼托斯在20世纪70年代早期创立。1997年3月26日，39名相信自己能通过集体自杀进入外星飞船的信徒的遗体被警察发现。

自己与对方真实关系的人绝不鲜见。能与现实接轨的人，都是通过和对方的相互确认来决定关系的：大家都觉得对方是朋友，那互相才能称作朋友。而自恋的人或者那些烦恼者，心中潜藏着"我想和那个人成为朋友"的想法，但一不小心将这种内在愿望暴露出来并得以外化后，便单方面宣称"那个人就是我的朋友"。对方想必也颇惊诧，我什么时候把你当朋友了？

那位中年女性的问题也在于此。原本不过是"想要丈夫回来"的朴素愿望，但外化为个人行动就成了"丈夫一定会回来"的执念。不联系实际情况却过分关注内心的鼓动，私自给愿望和现实画上等号，是其深层症结所在。她毫无保留地完全信赖自己的丈夫，但这种信赖感并不存在切实依据，廉价的信赖感源于对自己脑海中固定想象的维持需要，简单来讲其实还是"心无凭依的依赖情绪"惹的祸。她若能正视自己的内心，或许有关丈夫的无端想象能幻灭得更快些。

"依赖情绪"的另一个名字叫作"过度欲求"。其情绪愈深，则对于对方的期待也愈发膨大，要求也会有增无减；而期待和要求得不到回应时，便愤怒不已遂心灰意冷。可以说，贪婪之心就是"依赖情绪"增长的必然产物。

## 自欺欺人者都有未被承认的愤怒

　　中年女性实际上对丈夫的所作所为深表愤怒,不满才是她的真正情绪。然而这种愤怒感对她的存在而言相当危险,因为它可能会成为终结婚姻生活的导火索。说到底,她依然想维持这场婚姻的正常形态,而同时这也是所有行动的出发点,毕竟唯有婚姻才能证明她存在的意义。若是拥有心理韧性的人,是根本不屑于理会这些问题的,他们的心中原本便有着亘古不变的真理。做不到这一点的她,却只能死死坚守着貌合神离的婚姻关系。这边是为了强化自身存在的一厢情愿,那边是面对丈夫时难以抑制的愤懑不平,二者发生了激烈的冲突。她就这样被夹在两种情绪之间,进退维谷、动弹不得。换作诸位读者,想必也会左右为难,究竟选择哪边更好?

先容许笔者做个简单的总结。相比不安感,人的本性更倾向于选择不快和不满。弱势群体尚且能忍受不快,却无法招架不安带来的折磨。如果能远离不安的氛围,即便不快又有何妨?不安本身所背负的情绪太深重了,看似消极的不快其实是从中解脱的一种有效方法。至少,没有不安的话,也就不会有不幸了吧?

显而易见,若想真正得到幸福,无论做什么都不如大声喊出"停止这种行为"更直接,而有心理韧性的人都会毫无疑问地选择这条路。觉悟真相之时方可行动,如果没有觉悟的意识,即便展开再多的对话也无济于事。对她来说,引发憎恶情绪的真相着实过于反胃,于是她便试图回避、视而不见,最后的态度即为自欺欺人。"天堂之门"那群人采取的其实也是这个路数。笔者在这半个世纪以来接触过不计其数的心存烦忧之人,仔细观察其中的大多数症结,不过都是在通过自欺欺人的方式破坏心理韧性罢了。

所以说,虽然她在潜意识中觉得自己并不憎恨丈夫,但真实存在的恨意和怒火并不会因此消退不见，进而会将其反噬。她不得不收起真情实感，开启戴着面具的生活。退一万步讲，如果能尽早明白戴面具本身有多荒谬的话，倒还好，戴着面具而不自知才是最可怕的。由此有关心理韧性的话题也可先告一段落。

说到被怒火占据心胸从而反噬的观点，更准确地讲应该是这种愤怒从未因时间流逝而消减才对，毕竟戴着面具也就意味着和心理韧性说再见。我们都听说过类似"心不在焉""身在曹营心在汉"的熟语，用它们来形容这种情况颇为贴切。如果戴着面具的情况下还觉得自己眼清目明，那不论做什么都无异于此。即使到了这个时候，这种人依然不愿意道出自己的真实想法；明明已经遭受如山的重压，却言之凿凿地说毫无感觉，这不是睁眼说瞎话吗？不肯真情实感地表露心迹的人，又怎能指望向对方准确地传达自己的心意？如此心胸，不过败絮其中。

往后，我们就能看到她内心无意而起的怨恨是如何逐渐支配个体情绪的，它隐匿在阴影中细细蚕食着。密不透风的人体防卫机制，正是阻止心理韧性培育的最大障碍，其影响之深远，即便日后忘却，也如条件反射般悄悄深藏于躯体之中。被压抑的情绪在平日里虽了无形迹，却会在将来的某时某地反复无常地作祟，一再将人拉回苦痛深重的过往记忆里。

## 敢于决断，远离"幻想的自我"

丈夫如是说："作为父亲，我有责任将家中最年幼的儿子照顾到高中毕业为止。所以在那之前，还是先维持现状吧。"在旁人看来，这不过是个处心积虑地想要逃避责任追究的狡猾男人，一切只是为了减弱自己的负罪感。但妻子却不这么想，深信他是个"绝世好父亲"。显然，被蒙蔽了双眼的她根本看不清事实，而希望丈夫能"成为绝世好父亲"才是此中真意，恐怕是将自己的愿望通过对丈夫的寄托得以外化的又一体现。当丈夫跑到情人家里过夜时，妻子也干脆去已经结了婚的女儿家一趟，反正每个月都会有这么两天。好景不长，她被折腾得入了院，但周围的人都认为这是更年期来临的症状。

有心理韧性的人若是知晓丈夫拈花惹草的话，势必大受打击，愤怒至极后悲从中来，但随后便会抹干泪水重整旗鼓。他们善于从错误中吸收经验；也唯有跌跌撞撞，才能重新发现积极生活的意义。无论现实的打击令情绪何等消沉，他们仍积极地创造美好愿景，不受沮丧现状的左右而变得被动。他们会愈挫愈勇，吹响向困难冲锋的号角，在解决问题时亦能展现出更强的灵活性。拥有心理韧性的人究竟进行了怎样的心理斗争？当他们得知伴侣有情人的事实后，第一反应是提前做好解决问题的准备。在意识到实情之前，大家对于事态发展到了什么阶段都是毫无概念的。

当然，拥有意识还远谈不上解决问题，而灵活地采取手段、积极应对，又有何种表现？那就是在意识到做好准备的必要性且急需外界的协助之同时，积极地向周围的人求助。当人陷入困顿，必要的支持能发挥出无穷大的效果；心理韧性的特征在此处也得以展现无遗。

另一个作用甚巨的则是"解决矛盾问题时的决断力"，讲求以灵活的处理方式将问题逐个击破。上文的中年女性尤为欠缺这方面的能力，患上抑郁症也在情理之中，其根源想必与竭力压抑对丈夫的愤怒的行为脱不了干系。不善于展露内在情感的人即便表现得再如何八面玲珑，其内心深处不过孤独丛生，终究无法与任何人共情。

这样说来，心理韧性强劲的人所拥有的"解决矛盾问题时的决断力"对任何人而言都是重要的生存法宝。而欠缺这一能力的人感情只要受到压抑，自惭形秽之感不免顿生，甚至会动摇自身存在合理性的认知。他们先入为主地将自己放入幻想中的设定框架，全然不顾这与"真正的自我"实则大相径庭。越是认定幻想即现实，则越表现出对改变现状急不可耐，而这种观念会潜移默化地影响个人的真实情绪。

没错，这个人开始急了。"我不能继续再这样下去"的思绪一经放大，为了证明自己而做出任何行为都不足为奇，继而产生"明明自己什么都清楚，却什么都搞不懂"的荒诞感受。目标并不虚幻，它频频出现于一个又一个睡梦中；自己最终要往何处去的祈愿也并不是空中楼阁,百转千回却仍在原地踏步。何以至此?

说到底,不就是没搞清楚自己的真实位置吗?对自己的所处位置都没有准确认识,定再多目标又有什么用?将"幻想的自我"套在真正的自己身上来指导人生,迟早会把真实的人生目标给弄丢。所以,现在他就是这副模样——虽然费了好大力气都未能抵达心中的"目的地",但憋屈感依旧鞭挞着自己持续无谓的尝试,愈努力愈焦躁。这正是自己把出路封死了的表现,接下来面临的不过是更加消极的人生。

而后面要发生的事情也不难想象:当身边的人逐个步入退休的年龄,且拥有了爱好作为精神寄托时,自己却依旧对什么都提不起兴趣;被告知应该"建立更多良好人际关系,以求生活更加幸福"时,却停滞不前。总之,没有任何东西能够撩动心弦,同时木讷的他坚信自己已经"足够幸福",转头继续放任压抑带来的空虚和孤独感恣意生长。

这就是自我脱离实际的后果。当一个人不再遵循真实的自我并钻入虚构幻想的外壳时，应该或多或少会意识到有什么不对吧？真我渐行渐远，不过如此。

## ▌ 压抑自我是逃避现实的重要方式

相反，因为没有脱离真情实感，所以拥有心理韧性的人往往会给予自己很高的评价。希金斯的著作中将"高度自我评价"称作 achieving（达成、实现），亦可视作万事顺遂。但这与邪教团体"天堂之门"那种歪曲现实理解的做法完全是两回事，不可相提并论，原因也很简单：若是歪曲对现实的理解，又何以获得对自己的高度评价？那样的心态基本是与心理韧性无缘的。

丈夫为了逃脱责任追究和负罪感而选择成为狡猾的男人，中年女性却视之为"绝世好父亲"，这种外化表现已多有提及。她的内心愿望投射到了现实的丈夫身上，进而导致了对实情视而不见、听而不闻。压抑、掩盖和否定事实；事与愿违之时，宁可随心而动。当然，逃避问题不等于不存在问题，真要到了这个阶段，被压抑的事物便会改头换面，以另一种形式登场。伟大的心理学家杰拉尔德·温伯格[1]在其著作中写道："当一个人自愿进行自我压抑时，无论对其采取何种隔绝措施，依旧会不可避免地产生无法改变的后果，而人格亦相应地受到其深远影响。"无论现状如何变化，压抑情绪的人都岿然不动地长久生活在自我幻想之中。怒气郁结于内心而不得发，即便夕阳再辉煌璀璨、饭菜再味美绝伦，也不能打动其分毫。内心顽疾若一日不得根治，则现状一日不得改善，毕竟，压抑自我是逃避现实的重要方式。

---

[1] 杰拉尔德·马文·温伯格（Gerald Marvin Weinberg，1933年10月27日—2018年8月7日）是美国作家、心理学教师。其名著《计算机程序设计心理学》《一般系统思维导论》等被认为是软件开发、程序设计和计算机科学领域的杰作，以引人入胜的写作风格和不苟言笑的忧患意识著称。

## 放下过去，会让内心丰盈且坦然

　　说一千道一万，拥有心理韧性的人会勇于面对现实；而任何经历对其而言都是"必然且重要"的体验，重视每段美好回忆并从感情上肯定过往的一切。对过去的否定，就是对如今自己的否定，跌倒即沉沦是不甚明智的。如上，他们能从各式各样的经验中获得相应的"情绪有效性"，且无论这种经验呈现出何种面目，都不妨碍从中提取必要的情绪化产物。中年女性要是拥有心理韧性，那她从离婚中看到的绝不是消极因素，而是坚信自己终有一天会庆幸做这个决定——"幸好我尽早离婚了，所以才能抓住眼前的幸福"。不出意外的话，这一天也终将来到她的面前。逃避现实的她非但得不到幸福，反倒是抑郁症先找上门来。

　　心理韧性最后的堡垒是坚定不移的信念，但这种信念并不是指"丈夫一定会回来的"这种活在幻想中的呓语。放弃依靠自己解决问题的意志,却指望偶然的幸运能眷顾自己,或者要么某位"善长仁翁"能拉自己一把……坐享其成显然不切实际。有心理韧性的人不求天不求地,只靠自己的独立意志去努力解决问题,若能得到他人的帮助,则更是如虎添翼。只有经历过"地狱般的历练",才会有充盈的内心与面对生活的坦然。即便是"地狱生活",却依旧箪食瓢饮、不改其乐,世界以痛待我,我仍报之以歌;放不下过去的人则难以与人亲近,动不动就敌视周围的一切——笔者认为这是不难想见的。

话又说回来,有心理韧性的人也往往有着超乎凡人的亲近感,且礼仪端正、品性高尚,颇为难得。原本艰辛的过往为其提供了变得残暴狂躁的一万个充分理由,却依旧出淤泥而不染、遗世独立。因此,他们值得拥有和谐融洽的人际关系,也值得邂逅更好的人。

## 承认自身弱点，才能拥有良好的人际关系

心理韧性这种特质普遍被认为是与生俱来的，但事实上它更多由主动学习而获得，同时还能根据能力的不同得以增进和强化。其心态之坚定虽不同寻常，但不可否认的是他们同样是人，而为人则必有弱点。幸好这些弱点尚属正常范围内，其具体表现相比他人，他们更关注自身存在的问题。这类人能够构筑和谐融洽的人际关系，想必也与"承认自身的弱点"不无关联吧——不承认自身弱点的人必然与良好的人际关系无缘，且无论再如何努力也依旧无果。竭尽全力仍事与愿违，对难以改变的结果显露出疲态。《倦怠综合征》的作者丹·凯利[①]也将这种"善于隐藏自身弱点"的表现称为"职业倦怠

---

① 丹·凯利，美国心理学家，曾出版过多部脍炙人口的心理学作品。

综合征"[①]。在他们的认知中，完全无法想象人也是可以如凤凰一般"涅槃"的。在精神病理学的研究中，这类群体出现"恢复能力"的迹象，总占比约为10%。同时，多有案例表明心理疾病患者的子女往往不乏非凡的才能，并且在生活氛围常年不和谐，经济条件欠佳的家庭中亦不鲜见。丹·凯利自己便是极好的一个例子：虽然父亲热衷于酗酒、母亲患有抑郁症，但在这种环境中成长的他依旧拥有真心挚友。

过往，笔者也结识过许多拥有心理韧性的人。在某次做完有关心理韧性专题的讲座后，一名听众专程找到笔者说："我和您今天的讲授中所提到的那个人简直一模一样。"毋庸置疑，不同的成长环境曾令他们饱尝艰辛，但亲历者们事后并未多加掩饰，而是云淡风轻。这一份难得的坦诚，或许也能让他们得到亲戚朋友们的喜爱吧。

---

[①] 职业倦怠综合征指的是原本充满热情的人突然变得精神萎靡或自暴自弃，并表现出职场感失调或不愿工作的现象。在20世纪70年代的美国，因职场高压和复杂的人际关系等影响，该现象在卫生保健工作者和其他专业人群中普遍存在。

从精神分析理论上看,他们理应不具备建立完整自我意识的任何优势,毕竟其自小的生活环境条件极其有限。但即便如此,他们最终依旧克服了重重困难,不仅认清了自己,也获得了成长。

## 永远抱有希望，彼处风景更好

前面提到的抑郁的中年女性看似坚韧不拔，事实却恰恰相反。她贯彻始终地坚持着"三不愿"原则：不愿意正视自身问题，不愿意面对眼前问题，同样也不愿意克服问题。有心理韧性的人岂会如此？他们必定勇往直前，一骑绝尘。说到这里，笔者还是很想举出个已经相当熟稔的例子，那就是之前曾提及的、在希金斯的著作中登场的女性希波。在面对困难时她曾说过一段话，其大致主旨如下：

诚然，能力不足的我并不能控制正在发生的事情。但我相信，我必将逃过这命中劫数；我终能抵达一个能照顾自己的地方，并且没有任何人会伤害到我。我确实陷入了失败的泥潭，但这不意味着我无法东山再起。

由此可见，希波始终坚信着世上肯定有比眼前处境更好的一方土地。也正因为怀揣着这份信念，所以她才会时时刻刻都积极地去寻找这种地方、这种人和这种可能性；既然母亲对我无爱，那我就找一个能代替母亲来爱我的人。

"彼处风景更好"正是问题的关键所在。虽身处逆境，但我相信精彩的大千世界必然有我的容身之处。父亲是精神分裂症患者，母亲则对自己视而不见——生活处处皆不顺心，但这又何妨？希波很快便找到了新家，她的姑姑也代替了母亲的角色。"我一直都在追求适宜的环境和积极的事物，"希波说道，"在家里找不到的话，我就用别的方法再次去尝试，总之天无绝人之路。"即便找不到姑姑家这样的居所，照她的性格，也肯定会坚持不懈地继续寻找下去。

她时不时会与他人搭话："我来把垃圾倒了吧？"或是"需不需要让我来帮忙遛狗？"所有尝试都不过是为了逃脱野蛮母亲的束缚而已，为此她已拼尽全力。对一般人而言，我们常遭受父母的傲慢对待而又往往无可奈何，但也正在此时方能体现出心理韧性的可贵。希波并未自视为问题父母斗争下的受害者，而积极向前的意念、灵活的处事方式，必将为其带来更为精彩纷呈的人生。

## 从问题中能学到什么

若想真正解决问题,唯有秉持着"不解决不罢休"的精神硬着头皮往前进发;自怨自艾是永远解决不了问题的。有时我们不乏这种生活体会:"真不走运,居然让我碰上了这么讨厌的家伙!"当然,笔者并不是要批判这种想法的存在有何不妥,但如果你真的拥有心理韧性,想到的其实更应是"我能从这场遭遇中学到什么",学习吸取教训并争取下次不再遇到"他",进而令心胸更为开阔。另一方面,"为什么倒霉的总是我"是被动态度的无知控诉。日夜哀叹解决不了问题,也无法改变面对逆境时表现得一塌糊涂的事实。

## 善用非语言信息提升洞察力

拥有心理韧性的人也有着非比寻常的洞察力。善于在逆境中生存的强者仅凭直觉就能判断"这样的上司肯定靠不住"或者"这个人很危险，必须多加小心"，其精准度之高，百发百中。这种敏锐的直觉，是一个人在逆境中得以保持坚强的本质。

当语言信息和非语言信息相冲突时，我们可以断言，真理就存在于后者中；同理，当意识和无意识产生分歧时，真理也必然与无意识息息相关。在逆境中强大的人能仅凭直觉看穿对方无意识的举动，探明藏匿在语言信息中零星的非语言信息。这就是心理韧性的体现。相反，内心动摇不定的人极易被表面的言语所迷惑，无法准确辨别话语背后蕴含的真意。日夜挣扎于大小烦恼之中的人，其内心亦堆积起一个又一个亟待处理的问题，无法发泄的压抑情绪必然郁结其间。

如果用生理概念去打比方的话，这些压抑的情绪正如堆积的内脏脂肪，若光从外表进行片面判断，根本无法看出此人心理是否抱恙。我在这个社会上不是适应得挺好的吗？我并不觉得自己是个有问题的人——难免都会这么想吧？但是别忘了，有一个名词叫"隐性肥胖"。

在生理或心理上遭受过侵扰的痕迹不可消除，长年累月积攒下来的愤怒必然会无意识地反映在当前的事件中。一旦遇到任何不如意，便顿感不适、受伤、沮丧且郁闷，而且更要命的是最后还得花很大力气才能从那种不愉快的感觉中走出来。究其本质，他们在面对眼前的问题时显然手足无措；一切应对和举动，不过都是未曾解决的心理问题在当下环境中的投影，尘封已久的情感记忆就在刚才那一刻起了反应。有强烈神经质倾向的人，是不活在当下的。

## 坦承失败，迎接人生的高光时刻

马斯洛曾说：能实现自我的人，往往也能忍常人所不能忍之矛盾。话虽如此，但其实这类人在遭遇到痛苦现实时，也不全是靠忍气吞声解决问题的。

还是让我们说回那位中年女性吧。刻薄地讲，她并没有做到实现自我，因为就算是在丈夫开始拈花惹草之前，她的生活方式就早已出现了明显的问题。有时，抑郁失落者难免竭力压抑内心的仇恨和愤懑，并在潜意识里猛烈地抨击着周边世界，固执地认定一切都是世界的错。因此他们尤其精于鸡蛋里挑骨头，一旦抓住了对方任何把柄，就会不遗余力地对其展开批评——或许这也是"侵略性"的另一种表现吧。

外表看似若无其事，其背后实为无比脆弱的心理状态，也正因这种心态才令其反复碰壁。人之所以强大，无外乎在离别时仍敢于显露悲伤；而弱者走向的却是另外一个极端，他们甚至否认"离别"本身。

中年女性怅然："我只是不想和丈夫分离，也不想把他拱手让给那个女人！"唉，你要是早点坦承这一点，不就什么事情都没有了吗？只有正视现实，才能为自己的重生铺平道路，心理韧性也才会在这个过程中得以培育。我们可以相信，她终有一天会庆幸自己能甩开那个懦弱的家伙；而其内心必然也会认可这点：自己人生的高光时刻，正是勇于决断孽缘的时候。哪怕到了人生走向终点的那刻，"分离令我重生"的念头依旧会长久地萦绕脑海。

步向新生的道路漫长而艰辛。随着"我只是不想和丈夫分离，也不想把他拱手让给那个女人！"声嘶力竭的倾诉，全新的人生方向就此出现，心理韧性也在此时诞生并发挥作用。当然，这不代表她的后半生就此变得更加轻松愉快了，而正相反，这条路往往险峻难行，刻骨铭心的痛苦将会贯穿大半生。但当垂垂老矣、回顾过往之时就会领悟到，正是那些不堪回首的挣扎的岁月，给如今的自己带来了无可替代的幸福感。

# 努力理解过往才能不被其囚禁

演歌①中有一句著名唱词:"今も信じて耐えてる私（依然相信当下并默默承受着的我）",描绘的正是难以接受失去对象的现实场景,其内心的苦闷无法消解,亦看不到出路。那我们不妨再理顺一下逻辑,"依然相信当下并默默承受着的我"其实就是"仍在逃避当下并无视现实的我",也是不断否定人生,错失发光发亮良机的自我。

那位中年女性若能像笔者所说的那样逃离抑郁的困扰,必然会看到"朝着更明亮处狂奔,前途一片光明"的景象。别再寻找借口来逃避现实了,要勇敢地去面对它！在现实面前屡受挫折、遍体鳞伤也不要紧,那份苦难会让亲历者的灵魂在历练之后重生。

---

① 演歌是一种结合了日本传统歌曲特点和现代元素的歌曲形式。

而要做到这所有的一切，关键还在于是否下得了决心。执迷不悟地试图无视现实蒙混过关、自欺欺人，"朝着更明亮处狂奔"也不过是单纯的空话罢了，而世间也常常给患有抑郁症的女性贴上"优柔寡断"的标签。再往深处探究的话，"优柔寡断"进而变得抑郁的诱因只有一个。唐纳德·温尼考特①在描述心理问题时常常使用"embed duals"而不是"individuals"去形容个体，其中"embed"又有"被填入、嵌入"之意。"优柔寡断者"的内心其实早已被某种监护者所占据，无能且狡猾的父母形象在许多人的成长过程中如影随形，而自己面对这一切只能被动接受、毫无办法。所以，心理韧性羸弱者只能活在过去；强者则活在当下，紧紧抓住每一天光阴。他们不会在纠结过去这件事上耗费太多时间，抓不住当下，那就会被过往所囚禁。

诚然，有些事情并不是想忘记就能忘记的，对于有

---

① 唐纳德·温尼考特，英国儿童心理学家、精神分析学家，对客体关系理论有一定贡献。

心理韧性的人而言也不例外。但与其忘却，他们更愿意选择努力地去理解过往，并进一步弄清过往如何影响了今天的自己——这正是"消化过往"的意义。它在改头换面后融入当下的生活之中，并为个体今后的成长添砖加瓦，绝非对自身过往经历的否定。"过往的经历才造就了如今的我"，何等积极上进！没有过去，则现在的我将不复为我，跌倒后却不爬起来实属下下之策。

## ▍自我美化是对现实的逃避

还是说回那位中年女性吧。丈夫言之凿凿地声称"作为父亲，我有责任将家中最年幼的儿子照顾到高中毕业为止。所以在那之前，还是先维持现状吧"，其逃避责任追究和负罪感的本质已然暴露无遗，但这时她依旧认为丈夫是个"绝世好父亲"。正如笔者先前反复强调的，她并不愿面对现实的真相，而希望他"成为绝世好父亲"的个人愿望才是其内心实际所想，并在言行举止中得以外化。

这种反应乍一看似乎充满心理韧性，但其内核不过是罗洛·梅所描述的那种心不甘情不愿的焦虑回避行为而已。通过歪曲的方式去解读现实，较之以往的确能让生活变得更加轻松和容易些；又在无意识的氛围当中，以雁过留声的淡泊心态面对外部空间。这显然是面对焦虑的无奈之举，除此以外也没有什么捷径——但有些人不甘于束手就擒，为了化解心中的矛盾，反其道而行之，以"理所应当"的心态来面对问题，这与踏实地培育心理韧性的路数截然不同。

有心理韧性的人心有凭依而愈发强大，源源不断的活力归结于他们对"自己身上固有的东西"一如既往的坚守；无能的人则反以当前的自己为荣，理所应当地坚持着幻想中的自我形象。如寻找替代母亲的角色一般，这种幻想被认为是理所应当的（即便它根本发挥不了任何作用）。它更像是恋母之夫的妻子、离经叛道的情人，对那个男性的成长毫无帮助，与其说是"追求光荣"，倒不如说是在"逃避焦虑"。勤勤恳恳的工作态度看起来固然光鲜亮丽，但其驱动力却是对名利的自我强迫性追求。换言之，它是焦虑感和自卑感的产物。坦率地讲，对名利的执着追求是神经质状态下才会选择的解决方案。

他们的行动绝不出于个人喜好，追名逐利只为消弭自卑。承认"我的努力有违本性，绝非自发的行为"真的很难吗？为什么人在这种情况下就做不到坦率呢？卡伦·霍妮曾说："自我行为的美化，能一劳永逸地解决所有神经质问题。"半遮半掩地为生活中的所有难题找借口，既能给自己台阶下，又能将问题"彻底扼杀掉"，岂不美哉？

诸位也必然猜得到，肯定会有人在这种自我美化中栽跟头；社会精英们受此困扰而选择自杀的例子屡见不鲜，起因同样不过是在自我强迫性地追名逐利中败下阵来而已。清醒一点，这些都是对现实的无能逃避！任何天花乱坠的自我美化并不能真正解决问题，亦无法斩断烦恼。须知如果搞错了方向，意味着越努力越衰弱。

# "回弹式减压"令人积极奋起

有心理韧性的人深谙不动声色之道。罗洛·梅认为："在逃避焦虑的诸多消极方法中，不难看出认知和活动领域收窄的共通特征"，心理韧性也绝不等同于"逃避焦虑法"。47岁的中年女性看似秉性不屈不挠，但她始终没有直面现实，而是选择了简单地逃避；有心理韧性的人则不然，他们能够克服成长过程中的重重挑战并不断进步，换句话说就是始终咬住困难不放、"穷追不舍"，直至得到解决。他们在体验成长中必经的磨砺的同时，也能够迅速地从困境中恢复过来。

另外，还有另一位学者将这种情况称为"回弹式减压"（bounce buck），它既是情绪韧性的表征，也是精神韧性的核心。这些人的心思都扑向眼前的事情，心无旁骛。"sommon up"这个词也是不得不提的，它意味着积极奋起。即便身处千钧重负的大环境之下,乐观向上的情绪依旧不减。

就上文的情况而言,因为中年女性的丈夫属于"有责配偶"①,所以她想要离婚的话并非难事。但当她发现丈夫有情人的那一刻,所有正常心理下本该出现的反应,如震惊、愤怒和悲伤等,一概没有。然后呢?她居然就直接对丈夫"无条件信任"了,前述的外化防御机制应运而生,而这也正是导致她患上轻度抑郁、频频送往医院的罪魁祸首。

一个有心理韧性的人,不能与只求苟活的人做比较。有别于"风风火火"的无畏,他们在危急关头依旧能保持内部的平衡,无能出其右者。心理韧性之所以强大,不仅在于对情绪困难的克服,而更有其深刻含义,即切实抓住成长的分分秒秒。这象征的不仅是"直面困难"这条必经之路,而且还是要往更深处不断探寻的勇气。

---

① 在日本法律中,"有责配偶"是指对婚姻破裂负有全部或主要责任的配偶。

将困难不断击破并化为丰沃的成长土壤，乃心理韧性的表现。没有人能在逆境中毫发无损，但有心理韧性的人不会轻易言败，身心受挫亦不会掩埋意志的光辉，"受伤受挫只是生活的小插曲，而我依旧爱着这个世界"。在这件事上没做好思想建设的人，往往会因受挫生恨而耗费掉宝贵的人生时间。

## ▎对自己坦诚是努力生活的唯一证据

重复先前的论点：无限制地压抑对丈夫的愤怒，或许是导致她患上轻度抑郁症的原因。温伯格也有言："当一个人自愿进行自我压抑时，无论对其采取何种隔绝措施，依旧会不可避免地产生无法改变的后果，而人格亦相应地受其深远影响。"没有心理韧性的人，自然就活在假象中而罔顾现实。而不论情愿与否，唯有"我只是不想和丈夫分离，也不想把他拱手让给那个女人！"这种对"真相"的承认，才会真正在其内心播下产生心理韧性的种子。

"彻底地对自己坦诚相待，是努力生活的唯一证据。"弗洛伊德所言极是，生活方式的优劣会忠实体现在能否孕育出心理韧性上；对自己坦诚相待也是获取心理韧性的有效方式，且除此以外别无他法。换句话说，压抑的土壤里不可能萌发出心理韧性。接受了现实的她终是走向了离婚一途，但笔者相信她总有一天会庆幸自己的决定，"幸好把那个懦弱的男人给甩开了"。也正是在不知不觉中，心理韧性已在她身上显现，同时自我肯定的情绪也定会空前高涨。

基于心理韧性特质的有无，个体经验主导下的时间框架概念也因人而异。真正拥有心理韧性的人，会把自己目前的经历放在长远的人生规划当中，与其编造借口，不如脚踏实地——即便这种苦难苦涩难言，但它依旧让我们不断成长并最终成为坚韧不拔的人。纵使受伤，却亦乐观如昨。

# 自恋者的逻辑：错误与我无关

"因为丈夫好吃懒做，所以我选择了离婚。"某位患有精神疾病的女性如是说。其动机姑且不论，但这确实是个破绽百出的谎言，"好吃懒做"不过是离婚的导火索，也是为离婚行为开脱的正当化理由；另外"我离婚是因为丈夫欠了别人一屁股债"的说法同属此类。如果她们承认"我选择离婚，单纯只是因为不喜欢他了"，没有了心理负担的束缚，自然也就能走得更轻快些。虽然我离开了丈夫（或许还会与女儿分离），但只要能足够坦诚，那些因遭受陈芝麻烂谷子的破事困扰所导致的精神压力，想必也会一笔勾销吧。

承认现实，拥抱现实，心理韧性也会随之强化，变成面对逆境时展现出的莫大忍耐力；固执地自说自话，声称这一切都是因为"丈夫好吃懒做导致的"，那么心理韧性最终依旧与她无缘,精神世界将长久地受此侵扰且永无宁日。对现实的否定等同于将心理韧性拒之门外——这也是自恋者缺乏心理韧性的根源所在,他们的抗压能力往往极其低下。

在全新的人生起点上,承认"因为不爱,所以别伤害"并不羞耻,谈及过往经历更无须苛责。世上离婚的理由和借口可谓五花八门,先前的"因为他好吃懒做"是一例,"因为他嗜酒如命"又是一例。更有甚者,其实脑海中并没有什么完善的解决方案,但不要紧,假装成一副想要解决问题的样子不就好了吗?从比例上看,这种人实际上是最为普遍的,他们将"装模作样"摆在了首要位置。

假设现在就有这么一个人,她跑来找笔者咨询离婚的相关事宜。问起离婚后有何决定或计划,她便马上开始滔滔不绝地大倒苦水,向笔者解释自己为什么现在还不能离婚,比如"因为有孩子,所以离婚之后我肯定无法承受经济上的困难"云云。至于说有没有解决这个问题的意愿,那就是后话了。她不断地给周围的人带去"我正在努力解决问题"的假象，过分卖力以至于连自己都深信不疑。判断一个人是否拥有心理韧性，其决定性区别就在于他究竟是在做表面文章，还是在踏踏实实地身体力行。

有心理韧性的人不玩弄虚作假那一套，所做的每个决定都严肃而庄重；不具备心理韧性的人，则只能靠与他人对话消解负面情绪，他们试图在这种对话中保持与外界的紧密联系。一开始，周围的人可能尚抱有几分耐心，愿意和他说说话、交交心，但时间一长，再有耐心的人也难免敬而远之。

有心理韧性的人其实心知肚明：无论面对什么困难，要想彻底解决问题只能靠自己，跟别人毫无关系；也唯有端正心态，才会获得他人的倾听与帮助。以自我为中心者处处讨人嫌，反之则朋友遍天下。前者往往会热衷于责怪身边的人，嚷嚷着"一个来帮我的都没有"并将责任全部归咎于他人乃至整个世界。然而"己所不欲，勿施于人"，他们到底还是未能意识到，自己正在做的事情恰恰是对方所不愿触及的。

# ▌自我复盘催生逆流而上的勇气

烦恼缠身的人不免会牢骚几句"我身边的人都很冷漠",但事实并非如此。剖析之下,其中所含有的对他人幻想和期许的一面,或多或少影响着他对"冷漠"的理解。"冷漠"并非对个体的孤立,正因他的行为举止过分夸夸而谈又疏于实践,才会导致身边的人日渐远离;有心理韧性的人则选择融入现实而非逃避现实,必然得到越来越多的帮助。

心理韧性的诞生条件其实十分简单,那就是接触现实、承认现实,也意味着要学会去接受过去的自己。越是坚持要否定自己的过去,心理韧性的产生注定遥遥无期。否认过去又有何益?那不过是"为自己的良心苛责开脱"的行为罢了,应付得了一时却管不了一世。准确地说,虽然这只是最低限度的自我防卫,但就怕在遮遮掩掩之中自我价值也逐渐消磨殆尽。

罗洛·梅曾说"消极的回避焦虑行为之下，个体必会失去自我的完整性"，意识和无意识之间不可避免地出现了断层。这只会导向同一个结果，那就是沟通能力的丧失和良好人际关系的缺位；反之，坚韧不拔的心理韧性居功至伟，即便身处于残酷的现实生活中，也能在保持与人沟通的同时又不失自我的完整。若自小对专制父母的威权主义一味讨好，心理韧性就会被扼杀在萌芽状态，羸弱的思想也会被扣上枷锁。至于如何寻回遗失的心理韧性，关键在于能否承认其缺失并在这个过程中持续探索，复盘自己的思想曾如何一步步地越陷越深——这就是接受过去。接受过去也意味着接受过去的自己，单方面的指责是不可取的。接受过去能催生出积极向上的心理态度，敢于逆流而上，心理韧性也就此诞生。

## ▎远离厌恶之人是种智慧

我们来看下一个例子。这是一位 29 岁的已婚女性，丈夫今年 35 岁，二人育有三子。她的父母在她 3 岁那年选择了离异，然而即便是在离婚前，她的记忆里其实也从未出现过父亲的身影。据闻由于金钱上的瓜葛导致了一些问题，所以母亲并不允许她和父亲见面。按照母亲的说法，父亲在外面欠了一屁股债，要是让女儿和他见面的话，他张口要钱该怎么办？母亲对父亲心有怨恨，不想让女儿和他见面自然是情理之中。而这些年来，这位女性和母亲相处得并不融洽，她不免心生想法："或许我还是别和母亲见面更好……"

她主动放弃了来自父母的爱，有意识地减少和父母相见的机会，这正是前文所提及的前摄行为。"放弃"就是行为本身，维克多·弗兰克[①]也将其称为"最主要的行为"，是心理韧性的关键体现。即便这是生我养我的母亲，但此时我依旧选择告别；二者之间的分界线愈发清晰，我却只会站在这头凝视母亲。她充分地领悟到，在家庭之外实则还有许多素不相识的人，他们生性古道热肠——上述的所有细节，无不流露出心理韧性的特质。她并不觉得"只有这里才行"，如果在此处前进受阻，那就"走到哪里算哪里"。这不是见风使舵，而是可贵的应变能力，哪怕落得孑然一身，安安静静地阅读书籍之类又有何不可呢？

这位女性独一无二的心理韧性，也表现为尽量不和自己厌恶的对象来往。面对那些惹人生厌的对象时，将其抛到一旁别管就行，不必再做任何追究甚至无须任何批评，主观能动性在此刻得到了真正发挥。反之，事事被动的人都很纠结，举不起又放不下。这位女性真心开

---

[①] 维克多·弗兰克是奥地利神经学家、精神病学家。

始觉得：除了血缘，自己和母亲其实根本没有多少关系；这种心态和举止，可谓典范。充分了解自己所遇到的困难的性质，是培养心理韧性的重要环节，看不清烦恼的本质必然也无从下手处理烦恼。第一要务得先搞明白：我究竟在烦恼些什么？即便烦恼再小，在疲惫之时它也会成为压死骆驼的最后一根稻草，无法冷静地看清烦恼也等同于与正常的生活无缘。

## 不必在意世人的眼光

这位女性虽然结婚很早,生活也多有不易,但她从未试图与其他人做比较,因为只有这里才是自己的家。从小到大她都羡慕那些拥有完整家庭的人,受此影响她也选择了早早地成家立业、生养儿女,如今每天都过得很充实。唯一令人感到遗憾的,可能就是自己并没有和父亲的任何合影吧。

她的母亲受父亲的债务问题困扰,吃尽了苦头,其所思所想即便在外人看来也是不难理解的。诚然,她从未在经济层面或亲情沟通上得到过善意的对待,却依然得以健康地茁壮成长,成长历程令人敬佩不已。她的故事的确是心理韧性的有力实证!

她并不在意这个世界的流言蜚语。过分在意外界的声音只会迷失自我,意志不坚定的人一旦受此影响,就会竭力地寻求幸福，并且希望将这个最"幸福"的状态展现给世人。至于你问我是不是真的快乐，那并不重要。

这位女性则不然，她虽然秉性不屈不挠，但这与对外界不抱任何感觉的心态并无矛盾，也无所谓是否能赢得世人的赞誉。对与世无争的她而言，世界如何看待她无异于耳旁风。

话说回来，她手上其实有一张父亲的照片——虽然不是父女合影，但至少那是父亲存在的证据。她一边想着"某天我们必将重逢"，又一边依靠着这微弱的希望来支撑幼小心灵。她若是心中仍抱有一丝对父亲抛妻弃子的恨意，根本不可能精心保管父亲的照片，她仍渴望让父亲看到自己最幸福的样子。拥有心理韧性的人定能从一切经历中获得情绪的正面支撑，无论这段经历或苦或甜。甘苦与共之间，它们都被归为了"难得的人生经验"，也是情感上对过往的一种肯定。

## 培养与现实谈判的能力


某天孩子突然说："我不想上学了。"内心缺乏定力的父母听到这种言语，必然会以为发生了什么不得了的事情；有心理韧性的父母则波澜不惊，"应该提供什么以充实孩子的内心"是他们关注的首要事项，并借此弄清该如何给予孩子情绪层面的支持。"究竟是什么使得孩子不再想上学了？"相比拒绝上学所带来的后果，后者更为看重整个过程的来龙去脉；而前者对后果和影响又过分在意，这与前文中提及的埃伦·兰格教授的观点不谋而合，有果必有因。从表面上看，孩子不愿意上学，是眼前最直观的问题；但从另一角度来说，这未必不是一件好事，因为它能明显地将家庭不得不处理的问题赤裸裸地暴露出来，只要有解决问题的意愿，就能一劳永逸地铲除后患。

到目前为止，世人所讲述的有关心理韧性的例子大多围绕成年人展开。虽然心理韧性的准确定义至今仍未被确立，但就实际来看，个体童年的经历对心理产生的影响远超想象。笔者认为，"心理韧性"就是一种在残酷现实中依旧不会迷失自我的心态。有心理韧性的人也会心怀"精神的堡垒"，它能对无情的现实世界发起猛烈进攻。由此，他们严谨认真；也由此，他们不屈服于现实。

"精神的堡垒"归属于心理韧性的某处秘境。当阅览有关研究心理韧性的书籍时，"谈判"（negotiate）一词时常会映入眼帘，而说到底"谈判"也是我们与现实世界共存的方式——谈判不意味着让步和委曲求全，而是克服困难和冲破僵局的手段。我们有着自己必须竭力保护的东西，而对方也拥有自己的立场，现实就是现实。如果否定了现实，难免堕入虚幻的想象世界里，宛若邪教。想要真切地活在现实中，靠的并不是否定现实，而只有与现实谈判、与现实共存。

# 第 3 章
## 逆流而上，挣脱原生家庭的桎梏

## 重视情感交流才能真正摆脱孤独

不具备心理韧性的人大多未曾体验过心与心的交融。独自生活都是迫不得已的选择，自暴自弃以至于身旁好友都不得不时常强调："不用害怕孤独，因为我也在这里。"但实际上呢，就算是真的有人常伴身边，他们内心依旧冰冷如铁、孤独不堪，"我也在这里"不啻对情绪的短暂纾解。没有心理韧性也就意味心灵伙伴的缺位，而在逆境中仍旧坚强的人必然也重视情感交流，善于赢得他人的青睐。这正是自私自利的反面，即不折不扣的利他主义者：来源于心灵触动的好感，与权力或金钱带来的好感是有着本质区别的。而在逆境中坚韧不拔的强者所获得的青睐，多数亦发自前者。要是缺乏对这一定义的正确认识，极易误认为自己在逆境中也能如这般百折不挠。

# 拒绝唯一且绝对的价值观

在人的成长过程中，最怕的就是将视野和观点困在一个范围内。在单一价值观中成长起来的人实则与邪教无异，只因其生活是建立在某种绝望的基础上的。正如哈佛大学的埃伦·兰格教授所言，酗酒患者中也存在药到病除和久治不愈两种类型；而前者却恰恰是因为经历过各式各样的酒精中毒，才不至于在某种状态中沉溺过深而难以治愈。同样，在个体成长的过程中，观察各式各样的人生同样是不可替代的必修课。无论成长于何等不利的环境中，只要尚未被唯一且绝对的价值观所束缚，那么他依旧有望成为拥有心理韧性的人。

成长于不健全的家庭，与过上有意义的生活并不矛盾。个体若能充分认识到不健全家庭的这一事实，并在朋友家等环境里体验到团聚和欢乐的愉悦，重新找到生活的妙处与价值所在，他的人生依旧有机会变得伟大，因为这些多样化的经历会成为个体的有力情感寄托；反之，若如果一个人在近似邪教的家庭氛围里长大，那么这些价值观的阴影仍会在今后的生活中如影随形，四处弥漫着仇恨和绝望的空气。这是最为令人毛骨悚然的。

家庭的不健全并不可怕，可怕的是难以消除的绝望和仇恨，家庭的氛围唯一且绝对。诞生自家庭中的抑郁症状，其显著特点之一源自以主权者为中心的顺从和依赖关系，而正是这种畸形的家庭结构彻底摧毁了人的心灵，心理韧性自然无从谈起。唯有认清伴随成长的家庭是何面目，才是自我精神得以救赎的前提条件。

## ▎挣脱"僵化家庭",从多角度看问题

诚然,症结并不在于家庭结构不健全本身。即使是那些在七零八落的崩溃家庭中长大的人,同样能够在某个地方或某个人身上找到情感的支撑,随即获得属于自己的心理韧性。相比之下,"僵化家庭"(rigid family)才是真正无可救药的末日家族结构,但"混乱家庭"(chaotic family)尚有可能培养出心理韧性的特质。心理韧性的表象极为公平公正,无论这个家庭从表面上看再如何凝聚团结、再如何家风清朗,心理韧性无法产生也就意味着这个家庭内部结构处于腐朽状态。以主权者为中心的顺从和依赖关系是其特点,抑郁症自不必说,产生不出心理韧性也是必然结果。传统上来看,精神分裂症患者既可来自僵化家庭,也可来自混乱家庭,但无论成长环境如何恶劣,拥有观察问题的多角度眼光同样能帮助个体

达成自我实现的目标。

在亲情缺失的家庭当中,唯一绝对的价值被强加于个体,且超前的期望毫无实现的可能性。如所有家庭所期望的那样,这种家庭希冀孩子们能在社会上取得成功、事业上有所提升,但硬伤也很明显:孩子根本就没有这种天资,也不具备进一步学习的能力。遭受社会历练毒打后,这种想当然的心态很快就会土崩瓦解,或者说其心智根本未曾得到过成长。父母贯彻着强迫症的理念且对孩子有近乎变态的苛求——这种亲子关系着实太可怕了。变态苛求的实质是针对个体所抱有的不切实际的期望。家庭即便不健全,只要环境允许个体在多角度的观点中成长,心理韧性依旧可期;就怕唯一且绝对的价值观已深入骨髓、无法变更,再加以脱离实际的期望,最终必将导向悲惨而无人知晓的命运,而外表上又表现得如此令人捉摸不透。

## 如何识别"心灵破坏者"

还有一种被称作"双重束缚"的人际关系。唯一且绝对的价值观开始孕育之时,在形式上与之相悖的爱意却也假惺惺地倾注其间。个体的心灵在这样的环境中怎么可能成长得起来?"打一巴掌给一颗糖",莫不如是。这种观念说得冠冕堂皇些叫作"事业家庭两两并重",而潜意识中摊开来讲就是"除了出人头地以外别无他选",个体被灌输的唯一且绝对的价值观就是走精英路线、做人上人。这种"双重束缚"剥夺了个体"感动"的能力,且其发育严重滞后。眼中所见都无法使之印象深刻;目视万物皆不能甘心叹服。个体的成长已然承载着逼迫和压制,更何况情绪上的片刻感动?

"双重束缚"有着迷惑人心的外表,在许多看似理想的家庭环境中,这种束缚同样比比皆是。一方面,思维定式让世人普遍认为，拥有心理韧性的人大多成长于家庭环境极差的环境，居无定所又风雨飘摇；但实情是，即便是看似幸福美满的家庭里，同样不乏成人后缺乏心理韧性的案例。而一个人心理韧性的获得，关键还在于是否受到了"双重束缚"的影响。相比种种束缚，反倒是那些向来不受固定思维限制、价值观俨然一张白纸的人，更能在接触到生活中的美好事物时品尝到感动的滋味。若深受双重束缚的影响，即便得以在生活中接触到美好事物，也仍旧不改口吻："这种家庭真讨厌！"甚至在面对他人的美满家庭时，也因受极端的经济层面价值观诱导，转而自我否定与愤懑不平："啊，居然比不过那种家庭！"这种价值观极易影响到孩子们的思维，但如果仅仅是这样的话，其实还是有救的。与此同时，除了这种极端价值观外，与其相悖的另外一个价值观又该改头换面登场了。如此，无论生活中的美好事物何等丰盈，个体的反应亦无动于衷，因为他秉持着"不可相信人生美好"的信条；若试图去相信些什么的话，多年来积极贯彻的"原则"也会崩塌得一塌糊涂。

相比之下，若原本便不存在父母这种"心灵的破坏者"的话，可能会更好些。即使父母的言行举止总不尽如人意，但要是孩子们能够理解"我的父母已经尽力了"，那他们依旧可能成长为有心理韧性的人。换言之，就算是那些在外界看来无可救药的家庭，仍然有机会重生；在今后的成长道路上，若遇见满怀爱意的人即可。但如果某个家庭出现过抑郁症或精神分裂症患者，那么这条挽救的道路就会被他们自己封死。这是即便拥有了能将自己从不幸中拯救出来的邂逅，却依然无情地进行自我批判的认知。要由此重整旗鼓，大胆无畏地重整旗鼓！不惧变数，坦坦荡荡地面对自己，并借此弄明白自己究竟是在何种人际关系中成长的。

据说，抑郁症患者的微颦浅笑，都是私底下的一次次精神沉沦。一直以来，他们都压抑着自我的所有情绪，并始终坚信着"我成长的家庭其实很不错"。生活中屡屡受挫、事事不如意的人，实在是很有必要反省一下自己坚信着的究竟是什么：我所秉持的那些坚定不移的东西果真正确？如同在"地心说"备受瞩目的大环境中依旧勇于提出"日心说"的哥白尼那样，拯救这些人的唯一方法正是"哥白尼式的革命"（Copernicus revolution），而这也是有无心理韧性的关键区别，有者则无须这种革命来改变自己的生活——毕竟生活环境有多恶劣这件事，不仅自己心知肚明，旁人也自然尽数皆知，实在是没有必要再与外人强调自己的父母有多糟糕了。

## 拒绝钻不必要的牛角尖

我们不妨再回想一下丹,这位在前文中多次提及的、有心理韧性的人。自小从殴打踢踹几近被杀的虐待中竭力逃离的丹,在看到阿梅利亚一家的融洽谈笑后,重新感受到了人生应有的美好,而他也正是以此为内心的支撑,才能在今后的日子里活得精彩纷呈。

在相同的情境中,每个人的感受都大不一样。有的即便身陷囹圄,也仍旧坚信自己是被家族所需要的一分子;也有人笃信神明的存在,日夜修行。毫无疑问,他们都属于非抑制性的人格,换句话说也就是有心理韧性的人。但也有一些生性害羞的个体,明明积善行德、自律克己,却无端认为"自己并不被大家所喜爱"。这种差异从何而来?恐怕个体性格压抑的诱发条件,就在于身处的环境是否给这个人灌输了唯一且绝对的价值观。家庭不健全其实也意味着心理韧性培育的良机，因为它对心理的不规范状态不加任何限制。对美好景象的目睹和感动的经历，时刻支撑着他的心灵。

家庭心理的放任，给那些想要成长为有心理韧性的人帮了个大忙。就像丹的母亲憎恶她的孩子一般，排斥的情绪也推及至亲生骨肉以外的所有孩子身上。在丹以及他的双胞胎兄弟出生后，坚持认为孩子脏污至极的母亲找了个能照顾他们的人，连丹自己也说"母亲根本不愿意靠近我们"。如是，阿梅利亚的出现自然如天降甘霖，孩子们得以从阿梅利亚的身上第一次感受到希望。

丹陈述了他的心路历程。"阿梅利亚的家庭里洋溢着爱意。虽然我只去过她家一次，但当我来到她家的那刻起，便持续不断地感受到爱的涌动。一家子有说有笑、唱唱跳跳，相互拥抱又温暖人心，这里实在是极好的地方；而这份温存又无时无刻不在我们的日常生活中、在我们爱别人的能力中得以显露，年幼如斯的我们同样享受着它的荫蔽。我这辈子最幸运的，应该就是小时候所拥有的这份经历吧。"自由而放飞的思想境界、拒绝钻不必要的牛角尖又常怀感恩之心，丹虽与亲生母亲断绝了缘分，但正因如此才更能感知到阿梅利亚所付出的爱。

## ▍永不放弃寻找爱

就丹自身的悲惨过往而言,哪怕他对父母恨之入骨、诅咒自己的命运并在悲哀中度过一生,也是不足为奇的。自怨自艾者、被害妄想者、瘾君子、怨天尤人者、不求上进者、执迷不悟者……他们都有一个共性,就是内心深处并没有忘却那些理应抛弃的东西,也没有斩断那些早该弃掷的缘分。传统歌曲唱道:"着てもらえぬセーターを編んでます(永不疲倦地编织着无人穿着的毛衣)",若以这种心态去经营生活,那人生必然与感动无缘。

有心理韧性的人,会编织一件名为"爱"的毛衣,舒适可穿;而面对那些无法为自己编织毛衣的人,自己早已从精神上切断了无谓的念想。即便是在残酷的命运中,依旧有人坚信真正的爱仍旧存在——为了自己某一天终能求得这份爱,他们亦早早地断绝了不必要的羁绊,有壮士断腕、上刀山下火海之果敢。至于那些无法彻底割舍的人,只能在嫉妒、羡慕和绝望中度过自己的人生。

好景不长,阿梅利亚在丹刚满3岁的时候突然遭遇辞退,起因是丹的父亲对阿梅利亚实施了性侵犯行为。由此,阿梅利亚也永远地退出了丹的生活。虽然是久远的童年记忆,但丹仍对阿梅利亚记忆尤深。"在离开的前一天,阿梅利亚做了一件不可思议的事情:她领着我们走上了铁轨,并沿路到达了她的家中。她说,她希望家人能和我们见上一面;那时他们正在烹饪洋葱和大蒜,还招呼我们一起吃顿饭……日后我再也没有见到过她了。"现场仍是暖意融融,"我在想,如果我能住在这里,人们就会毫无顾忌地拥抱我,这是多棒的一块乐土啊!"

自从被亲生母亲抛弃后,丹难得能在阿梅利亚的身上找寻安慰,而她对孩子们的照顾同样无微不至。一切本应向好,但虐待过自己的父亲却毫无人性地侵犯了她,使得他不得不与阿梅利亚告别。这种故事所承载的无尽悲怆,有几人能够承受?哪怕丹最后长大成人,恨意满盈乃至顿生杀意也是情理之中的事,他大可以将多年来无处倾诉的怨恨发泄到自己满意为止。然而他终未成为恐怖分子,也没有试图去杀死身边的人;其恨意都在心底深埋,而表面却仍旧淡然从容,甚至毫无抑郁症状。

且看丹是怎么说的:"这段经历点亮了我暗淡的人生,宛如天空中划过的星斗。阿梅利亚并未远去,她爱着我、依附我、跟随我、陪伴我的身影,是难以磨灭的心灵印记。"丹已然与阿梅利亚心心相印。毕竟,没有任何规定强求人们必须走进生母的心扉,哪怕对象只是一名充当了照顾角色的人,只要能踏出那关键的一步,日后便会获得源源不断的成长力量。

丹说:"一遍又一遍地,我从未停止过追寻。"长大后,每逢聚会他便在现场仔细地打量每个人,一旦瞥见向自己投来笑意的人便过去打个招呼。功夫不负有心人,他最终得以邂逅自己的人生伴侣并和她结了婚。这位命中注定的对象名为珍妮特，而她恰好是在如同阿梅利亚那样的家庭中长大的。换个角度说，如果丹被仇恨冲昏了头脑并对身边所有的人起杀意，或是压抑着自己内心中强烈的仇恨，郁结不发乃至精神崩溃，那他就不可能遇到珍妮特了。

## 着眼积极事物，做逆境中的强者

对于丹来说，他的祖母永远是自己最后的依靠，因此丹也深爱着她。丹很清楚怎样才算得上一个合格的母亲，而阿梅利亚和他的祖母一直都在想方设法地引导着丹往好的方向发展。"我小时候总是在思考如何才能逗别人发笑，但父亲向来对我不理不睬。该用什么方式引起他们的注意呢？这么想着的我疾奔了起来。"缺乏耐性、毫无定力、脆弱易怒，这都是个体不具备心理韧性的表现。

长篇大论看下来，丹和希波等人的生平中必然藏匿我们难以想象的残酷。但无论现实再如何不顺，仍旧有人会赞颂"生活十分美好"；同样正因如此，也会有人唾骂悲惨的生活胜似地狱。至于丹的话，他则会欣喜道："有像阿梅利亚那样的人在身边，实在是太好了！"这就是来自逆境中的强者的宝贵建议。问题永远无关对错，因为它是由每个人的本性和背负的经历所决定的，不容他人置喙。但如果想要过上幸福快乐的人生，就必须有"即便如此，人生依然精彩"的决断力，而这也是催生心理韧性的不变信念。

## 保持斗志，不压抑内心的感受

希金斯的论文中也曾出现过"安雅"这位女性。安雅从小就有拥有一种神奇的能力，那就是她能在过往的鞭笞之下完好地保护自己。从希金斯的观点来看，这就是心理韧性的典型特征。相比之下，有些人一辈子都被惨痛的过去所拖累，内心痛苦不堪。心理韧性的获得，意味着个体早已在某个地方或时刻将那段残酷的过去忘得一干二净了；而面对羞于回首的过去，安雅是如何保持内心平静的？

她回答倒也直白："我有着冷静的内心（I have a calm core）"，想必这"a calm core"指的就是内心的精神堡垒了。看待问题时，关键不在于形式而在于"内心"，切实地探清事物的本质，而不失对"内心"的重视。安雅的成长环境同样十分恶劣，那时的她就像是被人丢弃在大街上的钢镚儿一样，毫不起眼。尽管如此，她仍未曾失去自我的完整性，反而将其锤炼到了非同寻常的程度。

安雅还有一个妹妹。同在屋檐下，妹妹也免不得三天两头被父亲毒打一顿，姐姐是如何对妹妹进行教导的？安雅试图教她如何去斗争。妹妹不免心惊："如果我反抗的话，父亲会打得更狠！""但不反抗的你最终就会迷失自我！"安雅的教诲铿锵有力。不要将注意力放在虐待自己的人身上，其余需要留心的事情多的是，没有必要在一棵树上吊死；最重要的是要保持内心的"斗志（fighting spirit）"。

说起来，安雅自己又是如何与命运的不公展开斗争的呢？结果自然在意料之中，她在大声哭喊后遂落荒而逃。从斗争的结果来看确实不尽如人意，外在的战斗虽一时休止，而内心的战斗仍未停息。"在体验过焦灼难耐的经历后，该如何保持心理上的完整性？"希金斯尝试在这个案例中找寻答案的蛛丝马迹，但从字里行间读出的仍是振聋发聩的那句话:"我有着冷静的内心。"

说起来容易做起来难,"冷静的内心"讲求内心的无限自由。若心中存在着压抑和冲突,那"我有着冷静的内心"就是站不住脚的一句空话。当意识和无意识之间存在分歧,我们极易对别人说过的话产生过度的反应——性格因人而异,过于敏感亦无伤大雅,但都这样了还要说"我有着冷静的内心",那就是吹牛皮了。"冷静的内心"不仅指心灵上没有顾虑,也孕育着"我自有我大世界"的波澜壮阔,有了它,无论做什么事都可以更主动和勇敢些;反之,则与前摄行为无缘。换句话说,前摄行为的一大特征,也就是不存在内心的压抑。

前摄行为之所以能产生于并不优越的环境之中,正是因为这种环境本就崇尚放任自流而非过度干预。它拒绝将个体的心灵关进牢笼,而是任其在荒野中放飞自我。这种放任也是关注缺位的一种表现形式。放逐荒野虽尽数托付于物竞天择,个体的成长过程中也未必能获得足够的关心与爱护,但至少还有凭借其他代替"爱"的形式得以成长的机会,这正与心理韧性所信守的"与有爱之人相遇"相对应;至于那些心灵被投下深渊的人——对他们而言,连找到"爱"本身都是一种奢望。

## 不要试图改变对方

所谓"我有着冷静的内心",不仅指在心智上排除了一切冲突,也意味着"理想的自我"与"真实的自我"之间不存在任何分歧。让自己在锱铢必较的思维中变得更加固执和偏激,无疑是愚蠢的行径,只因它拘泥在理想的自我形象中而无法自拔。前摄行为的精髓显然并不在此!"努力改变能够改变的东西,坦然接受无法改变的东西。"当能够领悟到这一点时,才可声称"我有着冷静的内心",这才是心无顾虑的直接体现。无论事情大小都逐一计较,生气地指责"他怎么能用这种态度对待我?"那一年365天都别想睡安稳觉了,怕是要气成高血压。

这个世界上常有不诚实的人。纵然不满,但要是怀着"我明明如此诚心诚意地对待你,换来的却是这般恶劣的态度"的憋屈心态生活的话,难免日夜焦躁;甚至极端点讲，就算是吃了降压药也别指望血压能降下来，还要担心是否会熬出心脏病。须知前摄性的真意，就是在面对不诚实的人时，能用针对不诚实的人的方式去应对，并非因无法和不诚实的人"划清界限"而勃然大怒。凡事都要生一顿气，是极其被动的处世法则。要用猫的方式去理解猫的行为，也要以老虎的手段去应对老虎的动向。对着松鼠大吼不要吃掉坚果是很离谱的，不仅毫无作用，自己还白费心机，人际关系亦同。就算自己竭力质问"岂有此理"，对方仍旧不改本性，而即便质问两次或是三次都无济于事——毕竟他们就是这样成长过来的，个人形象已然定型。以"不要试图改变对方"的指导思想作为前提并以此待人接物，才是真正积极主动的态度。

## 避免陷入他人的心理冲突

纵然四周的秃鹫想啃食我的腐烂躯体,只要能设法使其无法接近,自身命运也将出现转机。但那些被消耗了生命所有精力并最终赴死的人,其处所往往毒蛇横行、遍地毒瘴。若敢于走出那片毒蛇众多的密林去追寻新生,那将会是他人生历程中最重要的一份"决心"。极端地讲,世上有某些人是通过蚕食他人来让自己生存下去的,并且他们并没有意识到自己的所作所为,究竟他们会向左看还是朝右看也完全无法预期。但只要我们仍旧生活在这样的世界中,便不得不坚强起来。换言之,要留心避免陷入他人的心理冲突中去。

笔者坚信,"走自己的路,让别人去说吧"的心态是获得幸福的关键所在。世界上的虐待狂实在是太多了,他们戴着不一样的伪装面具:爱情的面具、教育者的面具、父母的面具、弱者的面具、律师的面具、家事法庭调解员的面具等，不胜枚举。这些虐待狂给人们的思想戴上了枷锁，试图用他们想要的方式来加以控制；而很多意志薄弱的人便会屈服于这种控制，并开始认为"我不配活成现在这副模样"遂变为行尸走肉。纵然做决定不过一瞬，明明只要向前迈步就能获得幸福，但能过好这一生的人仍旧属于极少数。

## 无视流言，绝不随波逐流

我们再琢磨琢磨"我有着冷静的内心"这句话，安雅自小就坚信自己拥有强健的内心。有心理韧性的人，其内心必然平静如水，而这也正是心理韧性缺乏者所不具备的。疲于应对逆境的人莫过于此：不仅没有强健的内心，更没有"精神堡垒"，他们的另一种表象被称作"伪成长"。从社会角度看，他们貌似已成长为人，但其心理状态却仍属幼稚，即便幼年时期的个体需求从未得到过满足，却装作满足的样子。

正如马斯洛所说，这种"伪成长"是建立在脆弱的根基之上的。这就意味着一旦遭遇逆境，先前勉强支撑的内心会被迅速击溃。地基没打好的建筑必然摇摇欲坠，哪怕是微不足道的小型地震，也会让它轰然倒塌；"伪成长"过来的人即使在不值一提的逆境中，也照旧心态崩溃。还有一种说法提到，缺乏心理韧性的人可以与自暴自弃画等号，而在这类人当中，"伪成长"案例并不鲜见。其行为不带有具体的明确动机，往往会在浑浑噩噩的状态中度过每一天。

"伪成长"的人或许在社会上获得了广泛的尊敬，但其内心深处依然是焦躁不安的，极易为他人言行所伤。自信心在不知不觉中消失殆尽；无情的自我诋毁导致脆弱易感——"伪成长"的人正是反应性人格的典型，而在表面上看仍旧故作轻松，假装无论对自己或是别人都保持一副自信的姿态，私底下又会被只言片语刺伤内心。究其根源，这种伤害的产生与别人说过什么其实毫无关系。本来，早已经遍体鳞伤；本来，欲求就从未得到满足；本来，愿望也无从实现。正是这样的一个人，才会在别人说出某些话后做出具体反应，但也就仅此而已，总结来看就是缺乏心理韧性，不存在自我意识而只会机械地对周边产生反应，随波逐流罢了。反之，内心丰盈的人就算对外界做出反应，在听到琐碎言语之时所采取的行动也与前者截然不同。有着心理韧性的人即便听闻流言蜚语，也大多选择无视，毋论内心是否会有丝毫动摇。

## ▎不要把对原生家庭的不满带入日常生活

有心理韧性的人往往生活在自由之中，而经受过度干预的个体难以培育心理韧性。父母单方面的过度干涉正如将心灵加以囚禁，被囚禁者也与那些拥有心理韧性后才能体会到的难忘经历无缘。是否拥有心理韧性，也决定了个体能否充分把握并利用好每一次邂逅。

并非所有青年都能抓得住和有情人相会的良机，而与每一位心地善良的对象的美妙邂逅大多事出偶然，一切皆是缘分，问题的确也不如"这次相遇能否成为我内心的支撑"这般浅显。对个体而言，最关键的应是要意识到"虽然我的父母很可怕，但幸运的是我最终仍遇到了你"。将对父母的糟糕印象和不满情绪代入日常生活中的做法颇不可取，这同样也证明了心理韧性缺失状态下的症结根深蒂固。

无论是谁，大都体验过"这太可怕了"和"我真的很幸运"两种感受，而天堂和地狱的分岔路同样就此铺开，哪一方更胜一筹？若某个人深受崇尚过度干涉的父母影响并长大成人，则从社会意义上看，他依旧无法独立自主，只因其个体的感情早已被父母抹杀，最终唯父母之命是从；而像丹的母亲那样，她忌惮所有的孩子，也不希望自己的孩子靠近她，为了不让孩子"玷污"自己而选择了请人来照顾他们。尚且不论伦理道德，但这足以证明丹的母亲并不是喜好过度干涉的人——在这种情况下，丹即便要与亲生父母分离，感情上反倒完全没有心理阻力。

## 正视源自父母的"道德困境"

还有一种情况,就是道德伦理为个体带去的近乎骚扰般的心理困境。在道德上,人怎么可以讨厌父母呢?这种思想的刻板印象确实一时难解,却不妨碍我为之定性:道德骚扰是以爱为借口的欺凌,也是以爱为幌子的精神虐待,从中成长的个体无一不紧拷着思想的枷锁。个体对父母产生了强烈的依赖感后,即使潜意识中尝试过奋力抵制,但行动上却依旧会惯性地爱戴之、尊敬之,日后亦无望遇上真正有爱的人——这些挥舞着道德骚扰大棒的父母们剥夺了个体将来的可能性。或许也可以说,从小就在父母的道德骚扰下长大的人是最难培养出心理韧性的,但绝非毫无挽回的希望。如果能对自己眼前困难的处境有清晰的认识,就一定能找到解决问题的办法。

## ▌坚守心理独立性

并非所有人都能对自己的处境有清晰的认识；正确理解自己与他人相遇的意义更是难上加难。笔者曾接诊过一名心理疾病患者，他长年苦于父亲对自己的频繁虐待，身上青一块紫一块乃家常便饭。当笔者打算继续深入了解时，他却坚持说："我父亲其实还是很好的……"不管诸位读者是否相信，这确实是真实发生过的对话，可见这场咨询是何等荒诞。

或许，他在读小学时遇到过爱生如子的良师；也或许，他初中时代的社团朋友正直、有爱；甚至高中生活中不曾缺席的拉面店大妈可能也热情洋溢……然而他却无法在这一次次的相遇与对比中重新审视和父亲之间的关系。确实，若在过度干涉的父母教育下成长至今，想要客观地评价自己的父母是十分困难的，因为它讲求个体身上所具备的心理独立性。

有心理韧性的人也是懂得感恩生活中平凡小事的人,那是因为他们心中永远有一个支撑信念。每当仰望夜空凝视星斗之时,他们也会相信"那个人"就在那里,并对着星辰诉说自己生活中的苦与甜。有心理韧性的人即便目不所及,仍旧可以在心中找到袒露心胸的"对象";而不具备心理韧性的人,其内心不过空无一物罢了。为了解决内心的冲突与矛盾,有些人试图疯狂地追名逐利来消解负面情绪,但显然"心理韧性"和"死咬不放"的功利心态大有不同:前者坚守的是"紧紧守护内心中属于自己的东西",由此容光焕发且精力充沛;后者只能执着于追名逐利,并在追求理想自我形象的路上疲于奔命。

## 接近利他主义的陪伴关系

有一种人际关系鲜为人知，它被称作"利他主义的陪伴关系"。上文中提到的安雅也好，丹也好，他们的生活中都存在着代替原生母亲的角色，且相处融洽，这正是利他主义的有力体现。值得注意的是，其关系与某些年轻人身上出现的彼得·潘综合征有所不同，取决于本体与陪伴者之间关系良好程度的高低，也取决于有无互帮互助、相守相望的关系。拥有心理韧性的人，其生命意义往往寄托于其陪伴者，但它仍与前文所述的抑郁症或神经质等精神疾病有着决定性差异：内心抱恙者大多利己，而心理韧性者则属利他。能在青春时期拥有利他主义陪伴关系的人，其内心有望强大。而不幸的是，那些在亲子关系中屡受挫折的人往往也会在陪伴关系上尝到苦头，皆因他们尚未从父母利己主义的价值观中得到解脱。另外，能够提供治愈能力的对象并不仅限于人类，有些人就对动物有着极深的认同感，动物的一举一动都会影响其思维，好比"除了这只狗以外，我什么都不需要"之类的言论并不鲜见。

## 相信"心"的力量

丹的人生虽然多舛,但不难看出,其为数不多的过往经历成了人生的全部情感寄托。而从另一个层面我们依然能看到,有些人纵使家境优渥乃至每月都能全家出游,却依旧踏上了违法犯罪的道路;也有些人虽身为隆重生日派对的主角,却依旧闭门不出、疲于会面。由此可见,问题的关键并不在于"生日会"或者"家庭旅行"的形式,而一切在于是否有"心"。当看到报纸上刊载有关误入歧途的青少年的报道时,也应该敏锐地洞察到:文中所写的"他拥有一间自己的书房"也只是浮于表面的"形式",败絮其中而已。

有心理韧性的人必然也极其重视"心"的作用,他们视自己与伙伴之间的联系为生命。即便快要被虐待致死,但想到与他人之间存在的矛盾也已然无憾。一切关键在"心",那就足够了。这种心理韧性的感悟是如此独特,以至于抑郁症或神经衰弱等精神疾病患者并不具备。有些人对"心"的作用嗤之以鼻,认为不过一派胡言并以"精神胜利法"取而代之——但最终许多事情还是得靠精神力量取胜,简单来说便是"心",而光靠金钱和权力人是无法生存到最后的。"心"并没有实体,肉眼亦不可见,但正是愿意相信"无形"事物存在的人才会拥有心理韧性;而坚持着片面的"眼见为实"原则者是没有心理韧性的,一旦结果不如人意便开始怨天尤人。无论问题有多么棘手,有心理韧性的人都会选择依靠自己的力量绝地逢生,鼓舞奋起。

## 把爱作为目的而不是手段

面对以替代形式出现在生活中，并给予自己无私的爱的人，自然而然地就会认为其理所应当。虽然在那之前你我并无交集，但当自己默许了他目前所属的角色时，不由得就会感到精神焕发，借此也能够激励自己继续努力前进——这正是利他主义关系应有的样貌，而这在神经质患者身上是绝不可能找到的。有心理韧性的人总能寻得父母的替代者，由此也会信任代替者并进而学会相信他人。

换言之，真切地接触真实世界是很重要的，抛下一句"我活得实在太辛苦了"就跑到虚幻的世界中的做法颇不可取，把自己囚禁在黑暗的空壳里也属实愚笨。有心理韧性的人即便直面可怕的父母，也仍能保持内心世界的安定而不改其志，并从他人身上找寻到心中理想的模样；只因过往的种种不愉快就开始心灰意冷、难以自拔的人，其最大的错误就在于以父母的价值观为标准来解释世界。当再也没有人去保护自己的时候，个体便会被困在封闭的独立世界之中，而基本上每一个不具备心理韧性的人都多少出现过这种表象。诚然世事不总如意，但人们必须认识到：有人热情洋溢，也必定有人冷酷无情；有人生性暴戾、虐待成性，自然有人就阳光温暖、不吝拥抱。没有心理韧性的人，只求尽快逃离这种对现实的认知，转头就把自己锁在牢笼之中。

要问起替代式的爱有何特征，虽然有关定义众说纷纭，但核心依旧是持之以恒、久久为功，学会去爱真实的自己。"无私地给予爱意的人，不为其他，正因为我就是我。我不需要去努力证明自己为什么值得被爱。"我即真我，固恒爱之，这才是让个体得以重新奋起的决定性因素。如果说，你之所以被爱，是因为你优秀；你之所以被爱，是因为你有用；你之所以被爱，是因为你想大家之所想……这些都称不上爱。

正如弗洛姆所说，有"代价"的爱并不是真正的爱，因此而被爱的人只会落得浑身不自在。为了维持这种错位，被爱的人要做的事情只会越来越多：如果不去做些什么，个体存在的意义就会荡然无存，这也是为何其无法被称作"爱"的关键所在。反之，即使不去刻意讨好他人也能得到喜爱的话，个中感受则是舒适安然的。浸润在这种舒适感中，个体的成长也会顺风顺水。那些身为精英却迈向自杀之路的人，想必从未因"我就是我"而被爱过，也鲜有利他主义陪伴关系的经历吧。以上，正是"把爱作为手段"的人与"把爱作为目的"的人的区别。

## 有条件的爱会带来焦虑

父母们都期望自己的孩子能取得举世瞩目的成就,而孩子们也为此不断努力争取,在无意识中自发地付出时间和精力,自我价值的缺失感遂由此顿生。自己在本质上其实根本不配被爱——成功的我虽然受到追捧和爱戴,但那是因为取得了成功,并不是因为我这个"人"本身值得喜爱。"无私地给予爱意的人能使生活变得更加充实,而接受了这份爱的自己,也不再会被繁重的工作所击退。我乐于分享自己所拥有的一切,互诉衷肠。"这才是替代式的爱的本质。相比自由放任,更为棘手的是过度干涉,因为"放任"是眼见为实的,"干涉"这种事情乍一看还不大好判断。过度干涉的问题在于:无私地给予孩子爱意的父母不断助长孩子的依赖性,进而将其完全绑架,使得他们完全丧失了与父母以外的替代角色产生交集的机会。

如果一切顺利，孩子本应有"因为能和那个人相遇，所以才造就了今天的我"的体验，但过度干涉使得这种场景只能留存于想象之中。完全依附于父母的需求而长大的人，多少都会有不安全感；而内心的焦虑也就意味着心灵没有最终的归宿。在考试中拿了 0 分的时候，只有自己的母亲才会照顾地问"今天你想吃什么"，但是老师和朋友都只会揶揄"你是个笨蛋"。没有作为心灵归宿的角色去倾听自己话语的母亲？那自然就会去寻找能像母亲一般回应自己的替代对象，并转而认为唯有自己拥有了一定的能力，别人才会如自己所期待的那样理睬我、接纳我。因此不被人所爱者，必定对能力有着莫大的追求。大多心怀不安感的人，难免会习惯性地贯彻"自我优先"原则，凌驾于他人之上，而这正是心灵不存在归宿的体现。好比婴儿即使置身家中，但只要妈妈不在身边的话就会开始大哭大闹；一个出于自身强烈的不安感转而执着地追名逐利的人，与没有妈妈陪伴时哭声震天的婴儿并无二致。

有心理韧性的人显然找到了心的归宿，它可能是替代式的爱，也可能是某次邂逅。相反，找不到心灵归宿的人即没有心理韧性的人，他们既未筑起"精神的堡垒"，也妄论"冷静的核心"，频频沮丧且反复无常，时而勃然大怒又时而心烦气躁，情绪颇不稳定。说到底，他们依旧在纠结于过往和其他一些无可奈何的事情上。前者永不疲倦地探索着真正的满足，看淡了眼前的片刻失意，越是有心理韧性的人就越能应对逆境。他们会在做出下一个决定之前慎之又慎，避免陷入逆境的泥潭；心理韧性越是缺乏，面对逆境时也越是束手无策，更不要说去认真揣摩该如何做才能避免陷入逆境。事态一发不可收拾几乎是必然的结果——但随着时间的推移，心境也会开始放任自流，变成破罐子破摔，只好说"那就这样吧"。

"酒肉穿肠过，苦痛皆消无。"[1]牙齿掉光也好，身体

---

[1] 日本谚语，原文：のど元過ぎれば熱さ忘れる。比喻无论多么痛苦的事情，一旦过去了，就会遗忘殆尽；有时也比喻在苦难的时候受人之恩，但过一段时间后就会被人忘却。

抱恙也罢,无不令人歇斯底里、苦痛万分。身边的人费尽了九牛二虎之力才将病症治愈,但病人自己转头就忘得一干二净了。过阵子又开始随意糟蹋自己的身体,将尽量保持身体健康的要求抛在脑后……这种人并不具备心理韧性。众所周知,喝酒忌酩酊大醉,但有时不醉不休的固执心境亦属人之常情,终是痛苦如斯。既然灌醉无法避免,那就必须得事前好好决定合适的时间和地点来买醉,而像今天这样的正式酒会还是控制一下为好。成年人须心知肚明:心情的发泄也是要挑场合的。

# 不堪回首的过去造就个体的独特魅力

拥有心理韧性的人，当然在现实生活中成就了伟大的事业；然而我们也要意识到，他们当中的许多人出现心理韧性的契机大多源自肉体上的虐待，而每一场悲剧的发生却又不单单是肉体折磨这么简单。有些人因为心理上对父母产生了依赖，多年来不得不忍受着如地狱之火炙烤般的煎熬。他们未能醒悟：自己既然能经受住比那些有心理韧性的人更为残酷的过去，而且现在还能活得好好的，这难道不就是颠沛流离中伟大的生命壮举吗？你所克服的种种困难，造就了个体的独特魅力；要充满自信，相信自己其实就是那个有魅力的人。经历过刻骨铭心的恐惧的你，战斗力绝对不亚于任何一个曾经受过虐待的有心理韧性的人，勇敢者的魅力也并非一朝一夕造就。

## ▍不要被错误的指责绑架

在本书接近尾声之际,笔者还想再写点东西,避免有些读者过分代入自我后,误以为"我无法成为这样的人"而倍感沮丧。有一部分人明明做着和心理韧性强者同样伟大的事情,却毫不自知。前文所述的各种案例,并不是用以说明只有心理韧性强者才是最伟大的,哪怕是在艰难困苦中翻爬滚打的人同样很了不起。命运坎坷如希波,她的父亲不仅酗酒成性还常年施暴,无论是谁,都会觉得这是相当不幸的家庭。纵使笔者在文末用"即便如此,她依然健康茁壮地成长起来了"一笔带过,但绝不意味着我们可以轻易下结论,认为就是这种人才会具备心理韧性。要明确一点,希波的悲惨境遇并不受其长期抑郁症患者的母亲所影响,而身为长期抑郁症母亲的女儿,也还算不上过着这世间最为艰辛的日子;实情是,那种为了逃避抑郁症现实而赖着女儿不放的母亲,方为令女儿倍感折磨,而最凄凉的也莫过于此吧。

举一反三,酗酒成性又常年施暴的父亲确实是一个家庭的悲哀。而更有甚者,若父亲选择了自杀,我们必然也很难相信孩子能在这样无依无靠的环境中健康成长。但最可怜的儿子,可能就是碰上了一个糟心的父亲、一个通过控制儿子来逃离自杀抉择的父亲吧。父亲通过将心中的矛盾外化到自己的儿子身上,借此来逃避自杀的念头;对于儿子来说,被父亲无情利用和无理苛责的生活宛如人间地狱。约翰·鲍尔比[①]曾提及的"亲子角色反转"的亲子关系,在旁人看来可能无比美满,但不幸的孩子同样也可能诞生于这种"亲子关系"之中,皆因其父母是以"溺爱"的手段竭力维持现状的。由此可见,一个人身上的苦难既可能有迹可循,也说不定隐蔽得极深。

---

① 约翰·鲍尔比,依恋理论之父,英国心理学家、精神病学家、精神分析学家,以对儿童发展的兴趣和就依恋理论做出的开创性工作而闻名于世。

离异家庭的孩子并不如我们想象般艰辛——某些家庭中，父母两方虽原本就有心理上的冲突，离婚事项也早应提上日程，但因二者的纠纷在孩子身上得到了纾解，才免于离婚的结局。这意味着什么？无辜的孩子不幸地成了消化父母负面情绪的垃圾桶。

有个孩子曾因患有心理疾病而入院。在治疗成功并恢复心理健康后，他的父母却没过多久就离婚了。所以，有的人虽然看似成长环境良好，却没能培养出心理韧性；同理，有的人虽然漂泊如浮萍，但仍坚强地成长为拥有心理韧性的强者。也许二者之间的决定性区别就在于是否压抑了内心。无论从表面看来有多么不受老天爷眷顾，至少这种条件下他不再需要压抑自己的憎恶之情，即便慨叹多少遍"我的父母实在是不合格"，也不会受到任何限制。相比起行为低劣，能力不足的父母对孩子的心理摧残尚要小一些。嗜酒如命的父亲、对家人大打出手的父亲、不愿工作的懒惰的父亲等，其行为之低劣，在任何人看来都不可能打出及格分。

希波从小就被她待业在家的父亲无情殴打，而父亲也随之锒铛入狱。嗜酒成性的父亲、患有慢性抑郁的母亲……都无须亲眼所见，哪怕就是这么描述几句，我们都会对她产生怜悯之情。但对于她来说，只要不认为"我的父亲是个可亲可敬的人"或者"是我让母亲变得郁郁寡欢"，就依然有重生的希望，大可不必无意识地去压抑自己的真实感受。某位抑郁症患者的母亲在她两岁的时候就去世了，不知为何周围的人都指责她，说："你母亲的死全都是你的错。"她怎么可能会不对这群人恨之入骨？但为了生活下去，一切真情流露都是不合时宜的，她也不得不将这份恨意深埋心底，而正是这种压抑使得人的心理韧性分崩离析。也许，这种"道德骚扰"就是将心理韧性彻底扼杀在萌芽状态的罪魁祸首。

遇上命运中的奇迹之人、邂逅美妙的际遇，心理韧性便开始逐渐崭露头角。但要想彻底摧毁韧性，只要一对精于道德骚扰的父母即可。道德骚扰就是道德上的欺凌，是那种嘴上说着"只要你开心，我怎样都可以"的父母，通过溺爱的方式依附在孩子身上的吊诡行径。母亲坚称自己无法一个人独自生活,于是嘟囔几句"只要你开心,我怎样都可以"之后开始抱着孩子撒手不放。孩子还能说些什么呢?只能自己慢慢消化这股反胃的情绪了。

## 学会独立思考

以心理韧性为研究主题的诸多论文中，各类研究者的观点百花齐放。如其中一例提到，若父母属于精神分裂症患者，那么拥有心理韧性的孩子会在将要被父母的精神分裂情绪所吞噬的同时，明显且强烈地表现出抗拒情绪。也有研究者表示，拥有心理韧性的人"会试图独立思考并发展出高度的自主性"。

这些观点固然是条理清晰、有理有据的。然而，断言这种孩子的优秀品格也为时尚早。真正处在水深火热之中的又是谁呢？有的母亲将孩子逼成了精神分裂症，而据说在她们眼中，孩子患病竟是一种必然……孩子的苦闷又能和谁诉说？没有人能够理解那些肉眼无法解释的东西，自己的苦自然只能自己来熬。所以，"究竟谁最艰辛"的讨论并没有什么意义。拥有心理韧性的人确实令人钦佩，但这并不等同于我们要在与前者的对比之中自以为是地妄自菲薄。他们身上所经历的苦难好歹肉眼可见；而世界上还有另外一群人，他们在无形却又无处不在的苦难中几近丧命，却依旧在尽人事听天命。学会接受自己的命运，并在此基础上学习心理韧性强者的生活态度——至于通过对比来蔑视、贬低自己，这种蠢事还是不做为妙。

# 只有自己才能给自己下定义

试图获得对方的认可？努力争取对方的喜爱？极尽谄媚迎合之事？那么恭喜你，你已经被对方吞噬了。正是因为畏惧被孤立和排斥的局面，或是害怕自我价值受到剥夺的情绪，便不得不看着别人的脸色生活。而相比此种不自由，一个人独自行事又有何不可呢？在父母患有精神分裂症的情况下，依旧能够茁壮成长的孩子便是有代表性的一例，他们因为拥有心理韧性而不会被父母病痛带来的烦恼所淹没。恐怕这是因为父母并未积极地对孩子投以关注之情，才会导致这种结果吧。他们不以孩子作为自己的情感支撑，也不试图以牵扯孩子的方式去解决自己的内心矛盾。毕竟，最能摧毁孩子的心理韧性能力的，正是那些多少都要牵扯孩子到漩涡中心来解决所谓矛盾的父母。

一个拥有心理韧性的少年，他的父亲患有严重的精神分裂症。母亲根本无心打理家事，家里乱七八糟。但少年并未因此而情绪低落，反而在地下室里用音响和书本打造出了一片属于自己的绿洲，甚至还在那里储备了一些食物。可见，少年并没有被父母的病痛所打击，而变得愈发坚韧。拥有心理韧性的人，都能找到自己的小天地。主动去适应各种环境而并非被牵着鼻子走，是相当重要的一件事。少年在有意识地控制与父母之间的距离，并借此确认自我的存在意义——无法确定自己的存在，反倒需要依靠他人才能肯定自我的个体自然与心理韧性无缘。他们活在别人的一声声"你真棒"的评价里，深感"我很了不起"，甚至"我还活着"，又是何等悲哀！黔驴技穷之下，心理韧性的缺失反而成了必然，只因他们永远无法理解"只有自己才能给自己下定义"的真谛。

# 摆脱畸形的情感控制

有心理韧性的人并不是父母的自身需求而培养出来的，正相反，韧性来源于父母对个体的寡言少语和漠不关心。那些出现抑郁症患者的家庭中，必然存在着主权者和服从者的依附关系。试想：被父母忽视和冷落的孩子，或是被父母严格管教并强制服从的孩子，谁活得更艰难，谁活得更自在？被暴力对待以至于遍体鳞伤又不复消沉的坚强品性，或者在心理上持续遭受到无情攻击的境遇，究竟哪边更难熬？

家长逃避焦虑的唯一方法就是拿孩子当出气筒，而攻击的形式又不尽相同。有的孩子遭受到的是来自父母不留情面却又偏向理性的语言攻击，焦躁不安的父母不时夸张地责问"你这都做不到吗？"这显然是一种攻击。还有的孩子更是直接。长久以来饱受肉体的虐待，被父亲的凶恶惊吓到以为快要丧命的孩子疯狂地躲进了床底,惨绝人寰。另外,现实中还不乏一些走极端路线的父母,他们为了逃避自杀的负罪感而将负面情绪化作欺凌子女的行动。正如卡伦·霍妮所说的"如果没有对心理诸多现象的外化表现形式,自杀率就会呈上升趋势",此言不虚。

为了逃避自杀的念头转而去破坏孩子的心灵,这种现象又该如何解释?大前提是很明显的,那就是少有自主意识的孩子大多惧怕自己的感情与父母相左,进而无视自己的感情和意愿所致。在这种局面下他们的生存方式只剩下一个,那就是摒弃所有的个体意识——而又不光是单纯摆脱那么简单。只要自己的意志和感情还存留一星半点的话,一旦个体意志与父母的意愿发生了冲突后,个体将会变得怎么样?想想都要被吓晕过去。理所应当的东西都会化为无尽的恐惧:即便吃到了自己觉得很美味的东西,也不免惊恐万分,要是家长认为某样东西"不好吃"的话,等待着个体的将是无情的人身攻击。对于那个孩子来说，除了压抑自己的所有情绪以外别无他法，多吃一碗饭都生怕要出事，毕竟连孩子都说不准父母究竟想让自己怎样。你问：肚子饿不饿？这种事情还真的由不得你做主。

人与人之间的沟通是通过意志的传达来实现的，而这对于无法感受到生存意义的他们来说难于登天，其神经质品格受到卡伦·霍妮口中所说的"来自父母的必要性"所引导。有的父母自知无能，却死皮赖脸地要和孩子建立起联系：父母天生对孩子有恩，居高临下的姿态同样应被接受。哪怕面对着不喜欢的事物，也不允许孩子表露出任何嫌恶情绪——这又何尝不是对孩子的畸形情感控制？许多报刊在讲述问题儿童事件时常常铺垫"他曾与家人共同出游"等前提背景，不过又是父母以变态控制欲纠缠孩子的案例罢了。想主导并进行家庭旅行的只有父母而已，跟孩子没有任何关系；即使他们不愿意被父母抱着，却又不得不展现出一副"幸福快乐"的模样。如此，他们在面对未知结果时又怎能做到心平气和？

大卫·西伯里[1]曾说:"一切烦恼,都源自我们不再身为自己的时刻。"世人能普遍理解孩子在受到肉体虐待时所展现出的"害怕"情绪;但不能忽视的是,心理受创时所流露出的惊慌失措同属此类。

---

[1] 大卫·西伯里,美国心理学家、作家和讲师。

## 拥抱命运中的不幸

在培育心理韧性的过程中有两点至关重要：其一是学会放弃，其二是接纳不幸。如果能做到这两点，就不难获得他人的理解与帮助，奋起重生亦指日可待。坦然地接受原生家庭的不幸，并放弃对亲生父母的爱，这是在不利局面下的最优选择。若过分执着于此，只会变成毫无心理韧性的可怜人。面对好意相助的善人，却口无遮拦地质问"反反复复都是这几句，你还要说到什么时候？"那想必再善良的人也会敬而远之。首先对方是一个人而不是神，过分苛求只会把他们越推越远。

学会放弃和接纳不幸能摒弃所有嫉妒的心态，转而化作由个体成长带来的无限喜悦，优秀的人才会在身边逐渐聚集起来。良好的人际关系是获得幸福的决定性因素；要是学不会放弃和接纳不幸，羡慕和嫉妒的情绪则会异常激烈，负面气氛所营造的消极环境只会引来品质低下的人。勇敢地去拥抱命运中的不幸，自然就会感受到生命的奇特与生活的美妙。虽然在成年人之间也有着"敌意和依赖"的明显痕迹，但毋庸置疑"神经质问题的根源始终源于与父母的关系"。弗洛伊德所做出的不朽贡献实在可敬可叹！笔者也清楚，心理韧性的思维模式仍与这些精神分析学思想有相悖之处——但我们生来背负着残酷的命运，在彻底放弃人生希望之前还是应该对"人的不幸与心灵之间有何关联"加以正视。毕竟，这本书并无意讨论谁过得更艰难。

## 逆流而上，过好自己的人生

有的人从小就生活在频繁的威胁和攻击之中；为了得到对方的回应，缺乏安全感的人就会剑走偏锋地采取攻击性态度。"强制对方服从"是个体侵略性的间接表露，而把"顺从"当作美德的父母是无比愚昧的。某些父母是如此的变态，以至于要求孩子在被问到"什么是最重要的"的时候必须回答"是顺从"，令人咋舌不已。童年记忆的阴影不可控地化为深入骨髓的恶寒，并持续支配着孩子的一生。

若我们除了服从他人的意志以外没有任何能从焦虑中解放出来的手段，那么无论何种缓解方法都难免与攻击性挂钩。即便在不具备心理韧性的人当中，同样会有不少人觉得"我能成功地活到现在简直是个奇迹"；还有人在不断地鼓励和鞭策之下，催促着自己尽早独立生活。

想必，每个人的生活中都一定会遇到困难，但总有人能顺利地将其克服。

在什么样的人际关系中成长，就会过上什么样的人生，而人际关系也塑造着我们的生涯。人际关系的种类和区分实在丰富，本书的主题中已多有提及：有在成长过程中深受父母喜爱者，不受待见者亦有之，且受人憎恶的形式五花八门。人的一生都依附自己的命运而活，千人千面，不可能完全一致。

还有的人自小就得不到他人的信任，完全相反者同样有之，二者从内到外来看也都截然不同。秉性猜疑的人即便在成年后与有口皆碑的人来往，依旧改不了疑神疑鬼的毛病；随着年龄不断增长，也会越来越喜欢用以往的理念框架来解释眼前的一切。至于那些惯于过度解读的人，因为他们从小在神经质倾向明显的人身边长大，所以在得到好心人的鼓励时也会出现愤怒的反应——神经质患者的屡屡打击已经破坏了他对语言的正常认知。

肉身虽在当下，但心灵仍在过去。活在当下，也就是要对眼前的刺激做出具体回应，而不是用过去所学的社会框架理论来敷衍了事。在面对值得信任的人时，就该以相对应的方式去接触……这的确颇有难度，却是为人处世的无上准则。罗洛·梅有关意识领域扩张的理论，其实也是对当前的刺激进行反应后的延续：我可以通过扩大自己的意识领域，用以回应当前的状况。因此，与现实接触既是意识领域的拓展，也是心理健康的培育，用埃伦·兰格教授的话来说就是要敞开心扉去接受新的信息、感知新的情愫。

有一首名为《说到Francine》的歌曲曾经风靡日本。里面有句歌词唱道："本当のことを言ったら、お利口になれない（若要说真话，就会变得口齿不清）。"对于普通人来说，遇到这种常见的情况肯定会会心一笑；而一个拥有心理韧性的人，即使要说真话也仍不改唇枪舌剑，毕竟社会从来不会对"父母很过分"之类的评价做出惩罚，也不会有"你怎么可以这样讲你的父母"的无理说教。撒谎并不是解决问题的必需品，强迫自己喜欢本来厌恶的事物亦大可不必，喜欢就是喜欢，讨厌就是讨厌，拒绝随波逐流，按照自己的认知和理解来行动，想说什么就说什么。个体的第一要务是竭力让自己的人生过得分秒都精彩，以正视自己的命运为主，向不同的人学习生活方式为辅。

# 后　记

如今社会的消费和竞争日益激烈，心理韧性的重要性亦逐渐突显。可能是因为在纸醉金迷的环境中浸淫得太久，搞不清楚"自己想要什么"的迷惘个体并不鲜见。缺乏主见的他们在外界的怂恿之下，一件又一件地购入那些自己本不需要的东西，也在永不止息的追求中彻底失去了内心的安定：即便不需要，但它们就明晃晃地摆在眼前引发人的购买欲望，而"得不到的总是最好的"的心态只会让人痛苦万分。一位在美国从事 IT 行业的人士说："我的工作就是想方设法地让人们去购买本不需要的东西，并为此殚精竭虑。"事实正是如此。

拥有心理韧性的人虽然成长在恶劣的环境之中，但他们却并没有被打倒，甚至仍能茁壮成长。"自力推进"无疑是自强不息，尤擅自我鼓励。笔者早年曾看过某个以介绍"心理韧性"为主题的电视节目，其中提到的"心理韧性"概念与正确理解完全是背道而驰的。这些媒体就是喜欢先拿出一个已有的现象，然后安上新的词语加以解释，一顿忙活搞得好像这是新发现似的，其实不过是拙劣的"现象伪造"罢了。在描述心理韧性特征的诸多著作中，希金斯将之概括为"自力推进"，最重要的是该通过何种手段才能让个体完成自我激励；对鼓励自我、振奋自我、绝地重生的探索仍旧是永恒的话题。

当笔者听到那个电视节目"我就是在家人的鼓励之下才重整旗鼓"的旁白时，笔者惊得下巴都快要掉下来了。正在这时，一个被称为心理专家的人登台评论——或许笔者才疏学浅，但在有限的认知里，这位"专家"别说论文和专著，似乎连和"心理韧性"相关的文章都没写过一篇。如这般日本最具公信力的电视新闻评论节目中，充斥着的居然尽是些能将"心理韧性"往反了解释、在相关领域毫无建树却自以为是地按个人理解去解说概念并广而告之的末流"专家"，也无怪乎"心理韧性"

为何至今仍未在日本生根发芽了。

在笔者做了将近半个世纪的电台节目《电询人生》当中，为了能够充分地了解对方，笔者向来坚持以卡伦·霍妮、埃里希·弗洛姆等人的精神分析学作为基本立场：先是了解对方的生活经历，弄清对方在恶劣且痛苦的环境中变得精神衰弱的前因后果；耐心倾听后，对其能够坚持并忍耐到现在的过人意志表达充分的敬意；最后以大卫·西伯里或个人心理学专家阿尔弗雷德·阿德勒，甚至维克多·弗兰克存在主义分析的理论为指导，从心理韧性的角度对其进行鼓励。至于"你就是环境的牺牲品，你的人生已经结束了，对不起"这种话，有谁说得出来？上来就说"你要有一点心理韧性"的做法实在过于强人所难，对无暇自顾的他们而言何异于置人死地的不负责行径？人家打电话过来不是为了被你训一顿。从心理分析的角度去理解对方、疗愈对方，并最终在其内心建立起稳定的心理韧性并加以鼓励——在笔者看来，这可能就是对心理韧性重要性的最佳诠释。

在艰难困苦之中，即使我们的脑袋不算灵光也仍有希望，但如果缺乏"这份苦难是上天赐给我的试炼"的觉悟，战胜困境将永远是一句空话。有心理韧性的人必然善于在体验中寻找价值，而身处逆境无碍其品性的坚强。一个人在严峻的考验中必会誓死寻找救命的稻草；你也无法强求在糖罐子里长大的人，能与被父母从小讨厌到大的人感同身受。如果这些道理能够轻轻松松就搞得明白，世界上也就不会存在战争了，而人与人之间的隔阂就是如此深不可测。这与文化差异无关，与原始社会与文明社会有多大程度的差别无关，也与代沟或其他层面的烦琐问题无关，这不过是相当本质的讨论而已。

但我们的社会却完全忽略了这种差异，而且在年龄的要求上表现得尤为明显。社会对所有到了 20 岁的成员都一视同仁，就好比要求生活在泥土中的鼹鼠必须要像天空中的鹰般自由翱翔那样荒谬至极。各种社会问题的出现，想必都跟现实中这些难以操作的要求有关。就算往窄了说，即使大家都是 40 岁的同龄人，但就"是否经历过父母的角色"这一变量所产生的结果同样也千差万别。纵然如此，对心理韧性的探索仍有内容可挖，这也是笔者决定撰写此书的主要原因。人类必将走向相互理解的大好局面，人类的未来同样可期。

本书也是继《无悔之人》后，再度承蒙PHP出版公司编辑组的大久保龙也先生关照的作品。正是大久保先生的鼎力协助，笔者才能在亲子关系遭遇困境的背景下，依旧坚持着努力写完了这本书。本书多有不成熟之处，谨借该后记向诸位表示歉意，望诸位海涵。